中公新書 2451

藤原辰史著

トラクターの世界史

人類の歴史を変えた「鉄の馬」たち

中央公論新社刊

まえがき

耕すこと、それはいわば地球の表面を引っかきまわすことである。人間たちが引っかいてほじくりまわしているのは、陸の上の一部に張りついた玉ねぎの薄皮である。この薄皮のことをわたしたちは土壌《どじょう》と呼んでいる。土壌は、生物が育つために必要な、風化した岩石や分解された生物の遺体の堆積物《たいせきぶつ》である。

農耕を知らない異星人が地球にやってきて土壌を耕す行為を見れば、無意味な戯れにしか見えないかもしれない。しかし、その薄皮にしがみついて生きるしかない地球人にとっては、生死を分ける営みにほかならない。耕すことは、自然から食料を持続的に得るために人類が歩んできた歴史の途中、歴史学の用語でいえばいまから約一万年前に始まる新石器時代に発明した基本的な営為である。

種を蒔《ま》くまえに、土を掘り返す。耕すことで収穫物の量と質が改善されることを、農業を営む人びとは経験的に知っていた。

土を耕す行為は、土壌の下部にある栄養を上部にもたらし、土壌内に空隙《くうげき》を作り、保水能力と栄養貯蓄能力を高め、さまざまな生物のはたらきと食物連鎖を活性化させる。土壌の活性化は、そこに根を張る植物の食用部位を、野生植物では不可能なほど栄養価を高め容量を増やすことにつながる。この事実は、土壌学の発展とともに科学的に裏付けられることになるが、それより遥か昔から、耕すことはずっと農作業の中心に据えられてきたのだった。

土を掘り返す道具は、農業開始時には尖《とが》った木片や骨片だったが、時代を経るにつれて鉄の刃が主流となっていく。「鉄」の種類も、「鋳鉄《ちゅうてつ》」から「鋼鉄」へと変化し、靭性《じんせい》を増していった。

土壌を掘り返す道具の名称として、日本語では、大きく分けて三種類の表現がある。人間が直接手で持つ鍬《くわ》、シャベル状の鋤《すき》、そして牛馬が牽引する犂《すき》である。数千年にわたって、犂を牽引していたのは家畜、主に牛と馬、地域によってはロバやラバ、あるいは人自身であった。単数もしくは複数の家畜と犂をロープや鎖で括《くく》り付け、犂の柄を手で持ち、ムチで家畜の動きを制御し、土壌を耕す。この数千年不変のパターンが崩れ、農作業の風景が劇的に変わったのは、ようやくここ一〇〇年のことにすぎない。

この変革の担い手こそ、トラクターである。

とりわけ重要なのは、牽引力のエネルギー源が、家畜の喰《は》む飼料から、石油に変わったことである。トラクターの登場以降、農業はもはや石油なしには営むことができない。石油がなければ、わたしたちは食べものを満足に食べることができなくなったのである。

まえがき

一八九二年、アメリカのアイオワ州で、ジョン・フローリッチ（一八四九－一九三三）というドイツ系アメリカ人の技師が内燃機関を搭載したトラクターを開発した。一八五九年にはすでにイギリスで蒸気機関を用いた自走式トラクターは作られてきたが、それよりも安全で軽量のガソリン機関を搭載したものはこれが初めてであった。

牛馬のように飼料を必要とせず、燃料を補給することで犂を牽《ひ》くことができる。人や馬のように疲れることなく、しかも人や馬の何倍もの力をいつまでも安定して出すことができる。トラクターの誕生によって、人類は初めて地面を踏みながら土を耕す必要がなくなった。家畜が歩む方向を手綱で導くことも、家畜の目と足取りを見て今日の調子を見極めることも、やはり必要がなくなった。犂の刃の土壌に対する角度や土壌に挿入されている深さを調整することも、牛馬に牽かせているときのように絶え間なくしなくてもよくなった。

他方で、トラクターを用いた農作業は、さまざまな問題にも直面した。故障、事故、購入のための多額の借金、土壌の圧縮、そんな障壁が農民たちの前に立ちはだかった。そして何より、家畜と異なって糞尿を排出しないため、大量の肥料を農場外から購入しなければならなくなり、農場内の物質循環を断つ役割を果たすことになった。

トラクターは、善かれ悪しかれ、大地の束縛から人間を解き放とうとしたし、いまなおその変化は進行中である。それとともに、農業生産の機械化・合理化と農地内物質循環の弱体化という二つの決定的な影響を、トラクターは二〇世紀の人間たちにもたらしたのである。

トラクターの歴史は、二〇世紀前半に華々しく展開を遂げる。フローリッチの設立した会社は失敗に終わるが、彼の技術はのちにディア&カンパニー社という世界でもっとも伝統があり、現在世界トップのトラクターメーカーに引き継がれていく。また、ヨーロッパ各国でもトラクターがアメリカよりも一〇年から二〇年遅れて開発される。

第一次世界大戦中に、アメリカのヘンリー・フォード(一八六三―一九四七)の工場で大量生産された廉価のトラクター「フォードソン」を中心に、トラクターは、世界各地に普及し、化学肥料、農薬、遺伝学に基づいた改良品種とともに、二〇世紀以降の急速な農業技術発展、そして爆発的な人口増加を支えていく。一方で、トラクターを始めとする農業技術体系の進歩は農作物の過剰生産と価格の急落をもたらし、一九二九年の世界恐慌の間接的な原因となる。それだけではない。機械は労働力を節約するから、農民の人口は減少する。農業労働力は農村から都市へと流出し、人材の面から工業化を支えていった。

ところで、トラクターにはもう一つの「顔」があった。

一九一六年、イギリスやフランスは、第一次世界大戦の膠着状態を打破するための戦車の開発を始めるが、それは農業用の履帯《りたい》トラクターから着想を得たものであった。その構造上の類似性ゆえに、第二次世界大戦中には、各国のトラクター工場は戦車工場として転用される。つまり、トラクターと戦車は、二つの顔を持った一つの機械であった。トラクターも戦車も、産声をあげて一〇〇年を経過したばかりの、二〇世紀の寵児《ちょうじ》なのである。

やがて、トラクターは、二〇世紀の世界史の決定的な役割を果たすようになる。トラクターは、単に犂を牽いて耕すだけでなく、動力源として、脱穀などさまざまな農作業に利用されていくため、農業技術革新の中心に据えられたからだ。とりわけ、二〇世紀を牽引した二つの大国によって、それは重視された。

第一次世界大戦後、アメリカでは、各メーカーが競うようにトラクターを開発し、独立自営農を中心にトラクターが普及し始める。人気の落ちたフォードソンに代わって、ジョン・ディアやファーモールなど、農民の要望にある程度応えたトラクターが席巻し、アメリカの世界一の農業生産を支えていく。アメリカは、保有台数も世界一で、一九三九年の段階で一五六万七四〇五台を数えていた。

一方で、ウラジーミル・レーニン（一八七〇―一九二四）は、農民を共産主義化するためには「第一級のトラクター一〇万台」が必要であると公言し、アメリカからフォードソンを輸入した。ヨシフ・スターリン（一八七八―一九五三）は、機械トラクターステーション（MTS）を核として、富農《クラーク》たちから暴力的に奪った土地と零細農の農地を集積し、合理的に農業生産が進められるよう農業集団化を進めていく。

戦争中には女性トラクター運転手も急増し、映画に登場するなど、共産主義のプロパガンダにも用いられた。女性でも容易に操作できるトラクターは、基本的に耕耘《こううん》は男の仕事とみなされていた数千年来の常識を覆し、農業における女性の地位向上の機会を用意した。ソ連の保有台数は、一九三九年の統計で五五万台（世界第二位）に達した。だが、実際には故障トラクターが多く、馬の使用が中心でありつづけた。

一九世紀に農業機械の分野で、同じ世紀の末には自動車開発で世界をリードしていたドイツも、二〇世紀にはそのノウハウを生かしたトラクターメーカーが生まれ、アメリカほどではないにせよ、普及が始まった。アードルフ・ヒトラー（一八八九－一九四五）もまた、フェルディナント・ポルシェ（一八七五－一九五一）にフォードソン同様の安価なトラクター開発の依頼をした。量産体制にはいたらなかったが、ナチス・ドイツもまたトラクターに望みをかけた国の一つだった。

以上のように、アメリカ、ソ連、ドイツという二〇世紀の歴史を動かした大国はトラクターの普及に力を注いだ。ほかにもフランス、イタリア、イギリス、カナダ、オーストラリアを先駆として、中国、インド、アフリカ、中東、東南アジアを含め、世界各地でトラクターが普及したことからもわかるように、トラクターを無視して二〇世紀を語ることはできない。

日本列島の二〇世紀も例外ではない。ただ、日本の場合は、第二次世界大戦後から一九七〇年代まで、人間がハンドルを持って歩きながら作業をする歩行型トラクター（ハンドトラクター）の生産台数が上昇しつづける。このようなユニークな歴史を辿ったのち、一九七〇年代後半に歩行型トラクターから乗用型トラクターへの転換がみられ、一九五六年の一四八五台から八一年の一四一万二九五〇台へと爆発的に増加した。

本書では、トラクターがそれぞれの地域にもたらした政治的、文化的、経済的、生態的側面について考察し、二〇世紀という時代の一側面を、ただし、けっして見逃すことができない重要な側面を追っていく。

トラクターの歴史はこれまで、国やメーカーごとに描かれてきたが、全体として扱われることはなかった。もちろん、世界すべてのトラクターを扱うことは不可能であるが、二〇世紀にトラクターが歴史に残した痕跡をできるだけ広い視野に立ちつつ辿ることは、そのまま、人間が機械を用いて自然界や人間界とどう向き合ってきたかを知る助けになるはずだ。そのうえで、いったいトラクターは人類の歴史をどう変えたのかについて、考えていきたい。

トラクターの歴史を知ることは、無人型トラクターの研究が進み、農業の自動化、「スマート化」が叫ばれる二一世紀のいま、人間が機械を通じて自然界や人間界とどうつきあっていくかを考える不可欠の作業なのである。

目次

トラクターの世界史

凡例

1、引用文中の旧字体と旧仮名遣いについては、新字体と新仮名遣いに改めた。
2、引用文にも、難解と思われる字にはルビをふった。
3、引用文中の〔 〕内は、引用者の註である。
4、馬力は仕事率の実用単位で、一馬力は七五キログラムの物を毎秒一メートル動かす力のことである。

第1章　誕　生——革新主義時代のなかで

1　トラクターとは何か

四つの特徴

トラクターとは、物を牽引する車のことである。

主として、農業用、工業用、軍事用、林業用の四とおりの用途があるが、そのなかでもとくに農業用トラクターが本書の主人公である。以下、特別の断りがないかぎり、農業用トラクターのことをトラクターと呼ぶ（「トラクタ」という表記も多いがここでは「トラクター」で統一する）。

トラクターは、日本語で牽引車と訳される。少しだけ言葉遊びをすれば、トラクターの英語表記である tractor が、attraction（魅力）や extraction（摘出、抜歯）と同じ語源、ラテン語の traho（引く）を持つように、トラクターをめぐる言語群には、「引く」「曳く」「牽く」

以外に「惹く」という漢字をあてることもできる。

つまり、ロープであれ、鎖であれ、見えない赤い糸であれ、距離が離れて存在しているものをこちらに近づける、あるいは、くっついてくるようにする、という意味である。トラクターという機械がさまざまなものを牽引し、また、さまざまな人間を魅惑してきた、あるいは逆に悪夢へと巻き込んできたという意味では、意味深長なネーミングであると言えるだろう。

歴史に入るまえに、トラクターとはどんな機械なのか、もう少し説明を続けておきたい。物を牽引する農作業用の車といっても、それには、いくつか欠かせない特徴がある。

第一に、土壌と接する部分に車輪もしくは履帯を用いること。

車輪は、主として四輪だが、二輪や三輪のトラクターも存在した。また、一九三〇年代に鉄輪からゴムタイヤに移行し始め、車輪の周りに履帯をはめるトラクター（無限軌道型トラクターともいう）もまた、世界各地の農場で活躍した。

この履帯トラクターは車輪型よりも滑りが少なく、牽引力が大きいうえに接地圧が小さいのが長所だが、小回りが利かず、価格が高いのが短所である。履帯は「キャタピラー」（英語でイモムシの意）とも言うが、それは、一九〇四年に設立されたホルト社がベスト・トラクター社と合併してできた会社名がキャタピラー社だったことによる。イモムシのように地面を這《は》って進むゆえに、このような愛称が付けられ、商標に登録されたのである。

戦後のアメリカでの普及台数は、おおよそ、車輪型トラクターが八割に対し履帯トラクターが二割であった。いずれにしてもトラクターは、車輪の回転によって前進、後進、あるいはターンをする機械である。

1－1　畜力を用いた動力装置

第二に、トラクターは、乗用型、歩行型、無人型の三種類に分類されること。

乗用型トラクターは、一人、場合によっては二人の人間が実際に乗って運転・作業をする。歩行型トラクターは、先の分類でいえば二輪トラクターであり、人間が歩きながら操作する。小回りが利くので、狭い土地に強い。最近では、カーナビや携帯電話にも使用されるGPS機能を用いたリモートコントロールのトラクターの研究・開発が世界的に進められている。これを仮に無人型トラクターと呼んでおこう。

第三に、動力源をさまざまな作業に容易に接続できること。

たしかに、馬や牛を円に沿って何周も歩かせ、その力を歯車（古くは木製の歯車を用いていた）で伝達させて農作業に利用した例は世界各地で見られる（1-1）。だが、トラクターの場合は、車輪の回転にあてられる動力を別の軸に移して、そこにベルトをつけ、脱穀などの動力として使用できるので、馬、牛、ロバ、ラバなどの生きもの（これを役畜《えきちく》という）を歩かせるスペースも、大掛かりな動力伝達装置も農場内に用意する必要がない。

第四に、動力源が筋肉ではなく、あるいは風力や水力や蒸気機関でもなく、内燃機関である、ということ。

トラクター登場以前の農業では、ほとんどの場合、犂《すき》やそのほかの農具、さらには、収穫物や藁《わら》などの荷物を積んだ車を、役畜が牽いていた。牽くのは人間自身の場合もあった。非生物であるトラクターは、生物の筋力の代わりに内燃機関内の燃焼の生み出す力によって犂を牽く。後述するが、内燃機関の出現のまえに蒸気機関で犂を牽こうと試みた技師もいたがそれほど普及しなかった。これは原則としてトラクターとは呼ばず、「蒸気トラクター」と限定をつけて呼ぶのが普通であり、本書もその慣例に倣《なら》う。

家畜と何が違うか

以上四点を総合すると、トラクターは、車輪か履帯のついた、内燃機関の力で物を牽引したり、別の農作業の動力源になったりする、乗車型、歩行型、または無人型の機械と言うことができよう。とりわけ、四点目の特徴である、トラクターが生きものではない、という当たり前の事実は、トラクターの歴史を知るうえできわめて重要な事実である。ここでもう少し掘り下げておきたい。以下、農業で使用するとき、トラクターが馬、牛、人などの生きものと異なる点を五点にまとめてみよう。

第一に、トラクターは疲れないが故障をする。

あらゆる生きものは運動のあと休息と栄養補給が必要だが、トラクターは休息を必要としない。疲れないので、燃料さえ補給すれば、昼だけでなく、早朝や深夜でも動ける。実際、トラクターはその初期からライトが装着されており、夜間でも仕事ができると宣伝されていたし、実際に夜間も使用された。農繁期には疲れて痩せるのが家畜の宿命だったが、トラクターにはそれもない。

病気にも罹《かか》らない。馬や牛のように「今日は機嫌が悪いぞ、どうした?」と声をかけたくなる場面は少なくないけれども、客観的には感情を持たないし、どんなに悲惨な壊れ方をしても痛覚を持たないので痛みを覚えない。ただし、馬や牛と比べて、当初は故障が多く、点火プラグの故障や防塵フィルターの汚れだけでもトラクターは動きを止める可能性がある。また、野外の不整地で用いる機械だけあって消耗も激しく、牛や馬よりも頻繁に買い替えが必要である場合が多い。

第二に、飼料を与える必要がないが燃料を補給する必要がある。

トラクターは口や舌や消化器官を持たないので飼料を食べない。よって、農場内に牧草を育てる畑を準備したり、牧草を他所から購入したりする必要がない。だが、一方で、燃料を購入しなくてはならない。草創期は灯油やガソリン、現在では主に軽油が使われる。トラクターは、温室栽培や穀物乾燥機と並んで、世界の原油価格の変動に農民が左右されるようになる一つの原因となったわけである。

また、金属どうしが擦れる面には潤滑油が必要であり、油をさすことを欠かしてはならない、と取扱説明書には必ず記してある。ただ、石油も植物の化石に由来する液体であるので、役畜、トラクター両方とも植物が光合成によって蓄えたエネルギーを使用しているという意味では変わりがない。

第三に、排出物は排気ガスだけであり、それを肥料として用いることができない。排泄物がないために、トラクターを収納する倉庫に藁を敷く必要もないし、藁と糞尿を毎日取り替えることもしなくてよい。洗ったり、土を取り除いたり、毎日のメンテナンスは必要であるし、結構時間のかかる仕事であるとはいえ、厩舎《きゅうしゃ》の仕事から農民を解放したことは、トラクターの小さくない貢献といえよう。

ただし、家畜の糞尿を肥料にできなくなるのは大きな欠点であった。とくに、藁や木屑《きくず》と一緒に発酵させて、養分豊富な堆肥《たいひ》を作れない。それゆえ、他所から肥料を購入せねばならない。二〇世紀は化学肥料の急激な発達をもたらした世紀であるが、それはトラクターの普及と密接にかかわっている。トラクターと化学肥料は切り離すことのできないパートナーなのである。

第四に、重いゆえに土壌圧縮をもたらす。

馬力のあるトラクターを一台所有するだけで、複数の馬の仕事をこなせる。たとえ広い土地であっても、馬や牛を複数連結させて耕さなくてもよくなる。ただ、トラクターの構成要素はタンパク質ではなく、鉄がほとんどであるので、重い。重いと土壌を圧縮する。圧縮は土壌を劣化させる。

土壌は、空隙があって、水を溜めやすく、微生物が棲みやすい環境であると肥沃《ひよく》になる。空隙を含むふかふかの状態の土壌構造を、土壌学の専門用語で「団粒構造《だんりゅう》」と呼ぶが、トラクターはそれを潰し、土壌から肥沃さ、つまり生命力を奪ってしまう恐れがある。とりわけ、初期のトラクターはとても重く、団粒構造に対する影響は小さくなかった。

第五に、乗ることができる、ただし、怪我をしやすく健康に及ぼす危険も少なくない。

牽引する馬や牛には人は乗らず、そばで共に歩き、役畜の動きを制御して、耕耘作業を調整するが、乗用型トラクターに乗れば、農民は不整地を歩くことから解放される。けれども、馬や牛と違って、操作ミスが命取りになるケースが多く、不整地ゆえに転倒事故も珍しくない。運転手や周囲の補助員の死亡事故につながることも、いまなお絶えることがない。

また、振動と騒音が激しいので、長時間の使用は身体に悪影響を及ぼす。トラクターから動力を取り出す回転軸は服を巻き込んで、大怪我をもたらすこともある。わたしの乏しい乗車経験でも、トラクターの振動と騒音はしばらく体から離れず、疲れがなかなかとれなかった。耳栓をすることが勧められているのも、こうした事態に対応するためである。

以上、トラクターの特徴をまとめてみたが、自動車や携帯電話などと同様に、手放したくない便利さを存分にもたらしてくれる一方で、使い手に不利益をもたらす面もある。しかも、あとで述べるように、トラクター導入に反対する論者も多かった。この二重性を、トラクターを論じる前提としておきたい。

これまでの歴史学では、二〇世紀を代表する現象であるモータリゼイションは、もっぱら自動車を中心に語られがちであった。たしかに、自動車と比べて、作業時のトラクターは遅く、スタイリッシュとは言いがたい。華やかさにも欠けるかもしれない。「二〇世紀の恋人」という自動車に与えられた称号は、トラクターにはふさわしくないかもしれない。

だが、トラクターがいない二〇世紀の歴史は、画竜点睛《がりょうてんせい》を欠くと言わざるをえない。モータリゼイションは都市だけでなく、農村の風景も労働関係も一変するほどの衝撃を与えたし、その衝撃がなければ、これほどまでに農村から人は離れず、これほどまでに農地が広く四角く平らにならず、これほどまでに地球の人口は増えなかったはずだからである。二〇世紀に地球上でいったい何が起こったのかを考えるには、自動車と同じほどの知のパトスをトラクターに注がなくてはならない。そのようにわたしは考えている。

2　蒸気機関の限界、内燃機関の画期

蒸気機関が誘う夢

では、トラクターが誕生するまえの胎動《たいどう》の様子を見ていきたい。

馬や牛ではなく、動力機関によって犂を牽くという試み。それは、トラクターが出現する以前にも夢見られていた。一八世紀初頭にイギリスのトマス・ニューコメン（一六六三―一七二九）が蒸気機関の実用化に漕ぎつけ、一七六九年にジェイムズ・ワット（一七三六―一八一九）がそれを改良して、ついに、一八〇四年にリチャード・トレビシック（一七七一―一八三三）が鉄のレールのうえに蒸気機関車を走らせることに成功した。蒸気機関車の誕生以来、耕耘の自動化もまた、多くの人々を虜《とりこ》にした一つの夢であった。

蒸気機関とは、高圧の蒸気をシリンダー内に導き、その圧力でピストンを往復運動させる熱機関のことである。ピストンの往復運動はそのままでは直線運動にしかならないが、クランク機構を用いれば回転運動に変えられる。その回転とともに、蒸気の出入りを司る弁が交互に動き、蒸気が吸い込まれ、また排出される運動が高速で繰り返される。

クランク機構が生み出す回転が、たとえば、蒸気機関車の車軸の回転に伝われば、レール上を高速で走ることができ、紡績工場の紡績機の歯車に接続すれば、高速で糸を紡ぐことが

できる。高圧の蒸気は、大量の石炭を燃焼して水を沸騰させ、生み出すことがほとんどであり、蒸気機関は、炭鉱の開発とともに発達していった。

工業ばかりではない。蒸気機関によって人間は農作業の苦痛から解放される――こんな夢を描いたカリカチュアがある（1-2）。人類がトラクターの開発に情熱を注いだ理由の原型が描かれている絵である。一八四五年のドイツ、まさに、蒸気機関が飛躍的に工業生産力を上昇させ、蒸気機関車がドイツでも走るようになった時代に、週刊風刺雑誌の『フリーゲンデ・ブレッター』に掲載されたものだ。

1-2　100年後の蒸気トラクター

一八四五年現在は、痩せた農民が二頭の馬に有輪犂を牽かせて耕している。ところが、一〇〇年後には、肥えた農民が、犂の刃を前方につけた蒸気トラクターに寝転がり、煙草を燻《くゆ》らせ、新聞を読んでいる。ベルリンのドイツ民俗学博物館が刊行した『農民の図像』（一九七八）にこのカリカチュアが再録されているが、その著者はこう解説している。

「第一に、農業技術に対する限界のない信頼。第二に耕耘こそが農業労働であるということ。

耕耘作業がモータリゼイション化されさえすれば、農民は畑を耕しながら新聞を読めること」。この二つの考えがカリカチュアによって示されている、と解説者は述べている。

原罪からの解放

これにもう三点加えたい。第一に、『農民の図像』では触れていないが、原典にあたってみると、「鉄道建設のための測量」というタイトルが付されていることと、この絵の上方にもう一つ、寝巻きの男性の家に「鉄道建設」の目的に測量技師たちが窓から入り込み、鉄道に必要な標識をベッドに打ち込んでいる絵がある。つまり、蒸気機関がもたらした勢いの止まらぬ開発を揶揄《やゆ》する意味合いも込められている点である。

第二に、キリスト教文化圏ではアダムとイヴが知恵の実を食べて楽園から追放されて以来、地面に這いつくばって労働することが、神からの原罪としてアダムとその子孫に、子を産む苦しみをイヴとその子孫に与えられてきたとされているのだが、そのアダムの原罪から人類はついに蒸気機関によって解放される、という意味が込められていることである。

もう少し踏み込んでいえば、トラクターの進化の歴史は、内燃機関を経て無人型トラクターにいたるまで、苦痛である労働から逃れたいという人類の切なる願いによって突き動かされてきたことを、幾分のユーモアを込めてこのカリカチュアは描いている。人工衛星による位置情報システムを用いて遠隔操作で動くトラクターロボットは、まさにこのカリカチュアの実現とさえ言えるかもしれない。

第三に、労働から解放された結果として農民が獲得した、新聞を読むふるまいである。肉体労働から解放されたこの男は、多大な利益を生み出し、立派な屋敷を建てている。彼が読む新聞は、農作物価格の変化を伝えているのかもしれない。蒸気トラクターによって労働者と世界市場との境界が取り払われ、農民がブルジョワになる可能性を示している。

興味深いのは視線である。二頭の馬を操《あやつ》る貧農は馬の尻を見つめ、蒸気トラクターに乗るブルジョワは世界のニュースや世界市場を見ている。鉄道建設によって人々の暮らしが方眼状の空間に布置されることばかりでなく、トラクターの導入で得られた余暇に読む新聞によって、一九四五年の農民も、見知らぬ土地とつながるのである。

蒸気機関による耕耘

こんな朗らかな、世代を超えて潜伏してきた夢を、蒸気機関は人類に与えてくれたのだった。だが、現実はけっして甘くはなかった。

実は、一九世紀半ば頃から、欧米では、蒸気機関は農地を耕すためではなく脱穀機、つまり、収穫した穂から穀粒を削ぎ落とす機械に用いられていた。ただ、蒸気機関は重すぎて、農村の道、とくに橋の上を通ることが難しかった。石の橋であっても、蒸気機関の重さに耐えられない場合が多いからだ。蒸気機関が橋から落下する事故も多発した。また、橋の上な

1-3　イギリスのウーラーにおける農用蒸気機関車の事故（1908年6月18日）

どの不安定な場所を避けたとしても、荷台の上に乗せ、何頭もの馬に牽引させて、農地まで運ぶ方法がとられることも多かった。そこで、革もしくはキャンヴァス地のベルトで脱穀機に動力を伝え、基本的には村の構成員が共同で脱穀作業をした。

さらに、蒸気機関は危険な機械であった。一八一七年から三九年までにイングランドで二三件の爆発事故があり、七七人の死者が出た。アメリカでは一八三八年だけでも一四件の爆発事故があり、四九六人が死亡している。農村でも、爆発事故が頻発したほかに、橋げたからの落下など、事故や故障に悩まされた（1-3）。

しかも、蒸気機関を利用できるのは、石炭や修理の費用をまかなえる豊富な資金力を持つ巨大な農場だけであった。もっとも典型的な利用方法は、ドイツのライン金属機械工業会社の広告（1-4）のように、農地の両サイドに蒸気機関を設置し、人間が一人乗れるほどの大きな犂、すなわちバランス・プラウをケーブルで牽き合う、というものである。この一連の装置を蒸気犂steam ploughと呼ぶ。

筆者は、シュトゥットガルト近郊のホーエンハイム大学のドイツ農業博物館と、ブレーメンから西へ五〇キロメートルほど離れたクロッペンブルクにある野外博物館で実物を見る機会に恵まれたが、小型蒸気機関車ほどの大きさで、人間が乗れる犂も幾重にも刃が連なっていて、壮観であった（1-5）。蒸気機関を一つだけ使う方法も考え出されたが、いずれにしてもコストがかさみ、広く普及するまでにはいたらなかった。使用された地域もほとんど欧米に限られた。

1-4　蒸気犂を描いたライン金属機械工業会社の広告

人間を乗せて農地を走る蒸気トラクターの創出の試みもなかったわけではない。一八五九年にはすでにイギリスのトマス・アヴェリング（一八二四-八二）によって蒸気機関を用いた自走式トラクターが発明されていた。だが、これも普及するには安全性の面で大きな問題があり、あまり実用には適さなかった。

けれども、農民たちや農機具メーカーの蒸気機関の経験はけっして無駄だったわけではない。それどころかトラクター誕生に欠かすことのできない助走だった。

1-5　蒸気犂のバランス・プラウ（左）と蒸気機関（右）

生物以外の動力源への慣れ、機械購入のために借金したり財産を抵当に入れたりすることへの慣れ、故障のときに遠く離れた都市にある農機具メーカーに頼み、修理を待つことへの慣れ、そして、トラクターに必要な熱力学の基本的知識、機械の構造の理解力、外部から燃料を取り寄せることへの慣れは、蒸気機関とそれに付随する農機具が、農民たちにもたらしたものであった。とくに、銀行のみならず協同組合が発達し、経営規模の小さい農民の資金繰りをも担うようになったことは、トラクター登場の追い風であった。

内燃機関へ

それればかりではない。のちにトラクターを開発することになる技師たちにも、蒸気機関の進歩は大きな刺激となった。

一八六三年にアメリカのミシガン州ディアボーンの農場で生まれたヘンリー・フォードは、農場に生まれたことがのちの自分の仕事と深く関係していると自伝で述べている。フォード少年は、父や母や近隣の農家が、無数にあるつらい手作業に苦労しているのを見ていた。これが機械に関心を持つ理由であった。その機械のなかでも、一二歳のときに見た蒸気機関の衝撃は彼を一生とらえて離さなかった。

わたしは、その蒸気機関について昨日見たかのように鮮明に覚えている。というのも、それは、わたしがこれまで見てきたような馬によって牽かれたのではない乗り物だったからである。刈取機と製材機を運搬するために作られたもので、車輪のうえにポータブルの蒸気機関とボイラーを乗せ、後ろに水のタンクと石炭の運搬車をつないでいた。

(Ford / Crowther, *My Life and Work*)

これは、ニコラス・シェパード&カンパニー社によって造られた蒸気トラクターであった。フォードが驚いたのは、一分間に二〇〇回も回転をする蒸気機関だけではない。その回転軸をチェーンで車輪につなぎ、チェーンの歯車を移動させることで、蒸気機関を止めずに、そのまま別の回転軸に移し、作業機械の動力に切り替えていることだ。本来、蒸気機関の車に必要ないはずの、止めたり再スタートしたりが容易にできるこの技術は、のちにフォードが内燃機関を搭載した自動車やトラクターを開発するさいのヒントとなる。

アメリカの農村で蒸気機関の農機具が使用されたピークは一九二二年、それ以降、内燃機関へとその地位を譲っていく。蒸気機関を農作業に用いるなかでいくつか問題が浮上してきたからである。

水を沸かして蒸気を発生させるまでに時間がかかること。燃料である石炭と水の絶えざる供給に人力や大規模な仕掛けが必要であること。出力あたりの重量も大きいこと……。これらは工場や運輸の分野でも当てはまるが、とくに農村では飛んだ火花が干し草や藁に燃えうつるという別の問題もあった。仕組の上でそれ自身の改良だけではどうしても乗り越えられない壁に、蒸気機関は突き当たっていたのだった。

この壁を乗り越えたのが、内燃機関だったのである。

一九世紀以前から内燃機関はすでに発明されてきたが、実用化に成功したのは、ドイツの技師ニコラウス・アウグスト・オットー（一八三二―九一）である。一八七七年、オットーは、時間のかかる蒸気の膨張の力を用いる代わりに、石炭ガスを用いた室内固定式の四ストロークの「オットー・サイクル」で特許を取得した。しかし、これではまだ移動が困難であり、ガスに点火するためにはわざわざ種火を準備しなくてはならない。そこで、オットーは、低圧電磁点火装置で液体燃料に直接火花を散らし、点火することを思いつく。これで、石炭のようにかさばることのない液体燃料の石油を積めば移動が可能となる自動車への道が拓けたことになる。

ちなみに、オットーの会社には、若き日のゴットリープ・ダイムラー（一八三四―一九〇〇）がいた。ダイムラーは、この会社を辞めたあと、一八八五年に別の会社を設立し、オットー・サイクルを積載した二輪車を作成し、特許を取得している。

パリ生まれのドイツ人、ルードルフ・ディーゼル（一八五八－一九一三）も、一八九三年二月に安価な重油または軽油を用いた内燃機関、すなわちディーゼル機関を発明した。ディーゼル機関は燃費が良い反面、圧縮比が高いため、振動が大きいのが難点であった。ただ、トラクターの場合は、黎明《れいめい》期は灯油やガソリンを用いるエンジンが多かったものの、とりわけ、履帯のついた無限軌道型トラクターはその初期から、ディーゼルエンジンを使うことが主流になっていく。トラクターは燃料を大量に消費するからだ。

ちなみに、いまの日本の代表的農機具メーカーであるヤンマーが、当初は農機具メーカーではなかったにもかかわらず、一九六〇年代以降世界の代表的な農機具メーカーになりえたのは、戦前に小型ディーゼルエンジンを開発した強みがあったからである。ディーゼルの日本の後継者と言ってよいヤンマーについては、第5章であらためて触れる。

3　夜明け――J・フローリッチの発明

ジョン・フローリッチ

蒸気機関車は一九世紀初頭のイギリス、内燃機関を積んだ自動車は一九世紀後半のドイツ、同じく内燃機関を積んだトラクターは二〇世紀初頭のアメリカで産声をあげた。アメリカこそは、トラクターの揺籃《ようらん》の地であり、生育の地でもあった。

蒸気トラクターのかわりに内燃機関のトラクターを作る試みは各地で行なわれていたが、最終的に成功したのはジョン・フローリッチ（1-6）である。フローリッチは、一八四九年一一月二四日にアメリカのアイオワ州で生まれた（以下、フローリッチについてはMacmillan (ed.), *The John Deere* と *Williams, Fordson, Farmall, and Poppin' Johnny* を参照）。ジョンの父ヘンリーは、ドイツのカッセルで生まれ、一八四〇年代のヨーロッパを襲った食糧危機（アイルランドの飢饉がもっとも深刻であった）の猛威から逃れるために、アイオワに移民していた。そこで政府から農場を購入し、農業に従事していた。

ジョン・フローリッチは、もともとはエレベーター（揚穀機《ようこくき》）を製造していた。揚穀機とは穀粒を高い位置にある乾燥機やサイロの上部に運ぶ機械で、現在、穀物の乾燥調整貯蔵をする施設のことをカントリー・エレベーターと呼ぶのは、この揚穀機に由来する。フローリッチは、揚穀機の製造のほか、藁を燃料とする蒸気脱穀機を購入し、サウスダコタ州で脱穀の仕事をしていた。

ロッキー山脈の東側には、カナダからメキシコ国境にかけて大平原《グレートプレーンズ》が広がり、ここがアメリカの重要な穀倉地帯なのだが、大穀物地帯ダコタは、その北部に位置していた。燃料となる石炭や薪炭《しんたん》に乏しく、藁を燃料にできる脱穀機は重宝されていた。ただ、このダコタの水はアルカリ質で、ボイラーに水垢《みずあか》がくっついてしまい、蒸気機関による脱穀作業には限界

1-6　J・フローリッチ（1849-1933）アイオワ州出身の発明家．揚穀機や藁を燃料とする蒸気脱穀機の製造にあたっていたが，1892年に16馬力のトラクターを開発．後年，洗濯機も製作した．いまだ不明な点も多い

があった。

そこで、フローリッチは、イリノイ州のチャーター社から四・五馬力の石油内燃機関を購入し、それを井戸掘削装置のうえに設置して、脱穀に用いた。チャーター社は、すでに、前進しかできないけれども、ガソリンの内燃機関で動くトラクターを九台作成していたのだが、フローリッチもダコタで仕事をしているあいだに、それを見ていた可能性が高い。

フローリッチは、この内燃機関を載せた井戸掘削装置から、前進も後進もできるトラクターの開発に向かう。試作を重ね、一八九二年、ついに前後双方に進めるトラクターの開発に成功する。これは犂の牽引ではなく、脱穀機の動力のために作られたのだが、後進できるゆえに、チャーター社のものよりも機動性は抜群にあがった。

ウォータールー・ボーイの成功

フローリッチの成功はアイオワ州東北部の都市ウォータールーのスチュアートという商人にも伝わった。彼はフローリッチに、そのトラクターをウォータールーに持って来て実演をやってくれと頼んだ。

一八九二年一二月、この機械の実演を見て魅力を認めたスチュアートは、翌年一月一〇日、ついにウォータールー・ガソリン牽引エンジン社を設立した。ところが、トラクターはわずか二台しか売れず、しかも一八九三年から始まる大不況の煽《あお》りを受けて、九五年には会社は再建せざるをえなくなり、名前も「ウォータールー・ガソリンエンジン社」と変更する。「牽引」の字は消え、フローリッチは損失を埋め合わせるために、貯金も家も揚穀機もすべて売り払ったという。

だが、この会社は、フローリッチが去ったあと、一九一一年、彼のトラクターをモデルとしてウォータールー・ボーイという名前のトラクターを新造し大きく飛躍していく。ウォータールー・ボーイがヒットしたからだ。この新型トラクターは、アメリカのみならず、のちに述べるようにソ連にもわたり、耕耘に使用されることになる。

ウォータールー・ボーイは、二つの機種があった。車輪のヴァージョンと（1-7）、車輪と履帯の両方ついたヴァージョン（半装軌型トラクター）である（1-8）。車輪のトラクターは、試行錯誤のすえ、一九一四年に、シリンダーを二つ並べたR型を完成、一八年までに八〇〇〇台以上を売った。興味深いのは、初めはガソリンを使用していたが、のちに安価な灯油を使用したことである。一九一四年に始まった第一次世界大戦の影響下に始まるトラクターの普及は、石油の値段の変動に農業が左右される時代に入ったことを意味した。

一九一八年三月、農機具メーカーの老舗ディア&カンパニー社がウォータールー・ガソリ

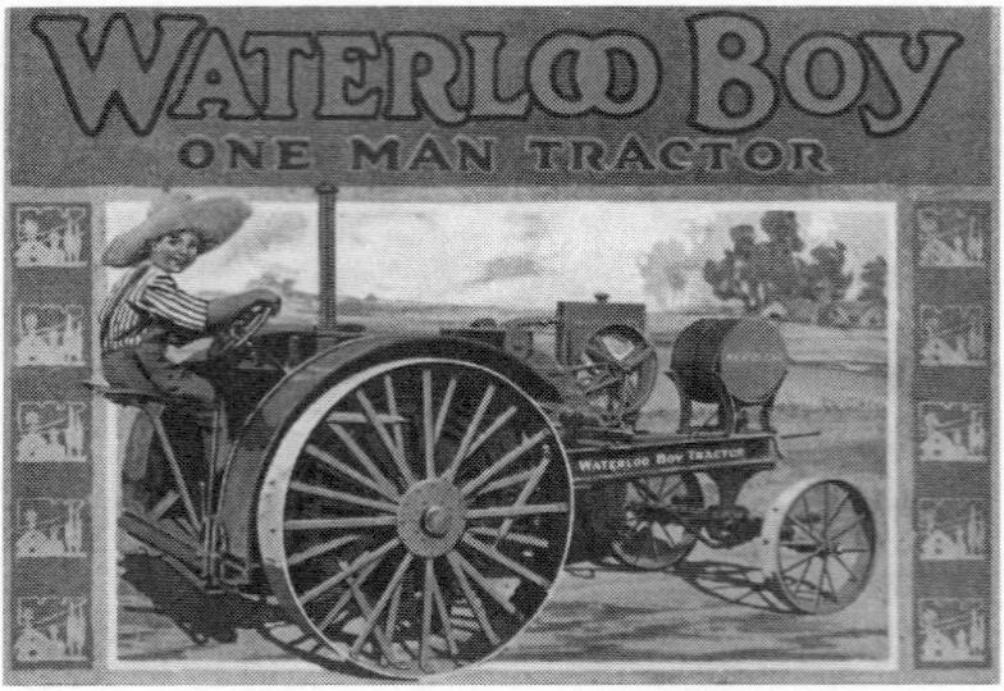

1－7　（上）ウォータールー・ボーイ（車輪型）
1－8　（下）ウォータールー・ボーイ（半装軌型）

ンエンジン社を買収し、フローリッチの技術は、アメリカの代表的ブランドの一つ「ジョン・ディア」の水脈となっていく。

インターナショナル・ハーヴェスター社の台頭

トラクターは、ついにこの世に産み落とされた。

アメリカのみならず、世界の農業は、蒸気機関のトラクターにはなかった機動性と操作性を、内燃機関のトラクターによって手に入れることができたのである。

ただ、ここで注意せねばならないのは、トラクターの開発はフローリッチ一人の功績に帰するものではない、ということである。ちょうどこの時期、アメリカで革新主義progressivismsという潮流が社会を覆い始めた時代だったことが重要である。

革新主義とは、科学の進歩progressによって、貧困問題や労使対立などの社会の矛盾を解決できると考える楽観的な進歩主義のことだ。蓄音機や白熱電球を発明したトマス・アルヴァ・エディソン（一八四七―一九三一）や電話を発明したアレクサンダー・グラハム・ベル（一八四七―一九二二）やフォードに代表される技師がつぎつぎに次世代の技術を創出し、大量生産・大量消費に基づくアメリカ的生活様式が広まり始めていた。

トラクターもその例外ではない。他の技師たちも研究・開発を進めてきたなかで、フローリッチの成功がたまたま少しだけ早かったからなのであって、たとえば、フローリッチがトラクターを完成した一八九二年、カナダ生まれの自動車技師ウィリアム・A・パターソン（一八三八―一九二二）は、商業的な画期にはならなかったがJ・I・ケース社の委託でオーダーメイドの水平対向の二気筒エンジントラクター、パターソン号を製作していた。

そんななかでもっとも商業的に成功した会社は、フローリッチと同じアイオワ州で、チャールズ・W・ハート（一八七二―一九三七）とチャールズ・H・パー（一八六八―一九四一）という二〇代のウィスコンシン大学出身の若い技師が一八九七年に設立したハート＝パー・ガソリン・エンジン社であった。

ハート＝パー社は、一九〇二年に最初の大型トラクターを完成、翌年に一五台のトラクタ

1－9　ハート＝パー社のトラクター

ーを売った。一九〇七年には、アメリカで使用されていた六〇〇〇台のトラクターのうち、三分の一がハート＝パー社製だったという説もある。後年のトラクターと比べると形態が洗練されているとは言いがたいが、二〇世紀の最初の一〇年間でもっとも売れたトラクターである（1－9）。

ハート＝パー社はしばらく競争者不在のなかで王者の地位にあったが、これにチャレンジしたのが、インターナショナル・ハーヴェスター社（以下、IH社）であった。IH社は、一九〇二年、マコーミック社とディアリング社という二つの収穫機械メーカーといくつかの小さな農機具メーカーの合併によって誕生した。

IH社は、一九〇六年に単気筒のトラクターを開発して以来、エンジンの冷却装置や点火装置などの改良を重ね、一九一〇年にトラクターメーカーの頂点に躍り出た。一九一一年にはアメリカのトラクター生産の三分の一を占めるまでにいたる。これによって、二〇世紀のトラクター業界を牽引するIH社とディア＆カンパニー社の二社が揃ったことになる。

ブームの翳り

一九〇七年から一二年まで、アメリカにトラクター生産ブームが訪れるが、その後、ブームはいったん収束に向かう。というのも、需要が高まると、資金力が豊かな自動車メーカーや、地域の小さな農機具メーカーなどがこぞってトラクター生産に参入し、過剰生産状態になったからである。農作業の実態を知らずに開発されることも多く、品質も必ずしも良いものばかりではなかった。さらにいえば、一七七六年の独立宣言を起草した第三代アメリカ大統領のトマス・ジェファーソン（一七四三―一八二六）が褒《ほ》め称え、アメリカ農業の中枢であった独立自営農民にとっては、トラクターの重量が大きすぎ、また値段も高すぎた。つまり、現状に適していないという批判が増えたのである。

だが、ブームが翳《かげ》るなかでも、一九一四年、ブル・トラクター社が安価な小型トラクターでヒットを飛ばし、J・I・ケース社が組織したウォリス・トラクター社も「ブル・トラクター」よりも少し値段は張るが良質なトラクターで市場を席巻した。また、牽引だけでなく、農作業の動力源としての利用や、畝《うね》立《た》て作物（ロークロップ）栽培用のジェネラル・トラクターの先駆として名高い、ミネソタ州ミネアポリスに本社を構えるモリーン社のトラクターも、一九一八年から人気を獲得していく。とはいえ、トラクターの爆発的な普及は、次章に登場するフォードソンまで待たなくてはならない。

ところで、一九世紀の半ばから機械化の始まった脱穀や収穫など他の農作業に比べ、耕耘作業の機械化は開始の時期が遅かった。

本書でも多くを負っているアメリカのトラクターの歴史書『フォードソン、ファーモール、ポッピンジョニー——アメリカにおける農業トラクターとそのインパクトの歴史』（一九八七）を執筆した農場経営者R・C・ウィリアムズは、これを「トラクターのアイロニー」と呼んでいる。つまり、世界の農村に大きなインパクトを与えたトラクターは、振り返ってみると、一連の農作業の機械化のうち、もっとも早い段階で出現したのではなく、ひととおりの技術が揃ったあと、もっとも遅い段階で登場したのである。それだけ、動きながら土壌を耕すという作業は機械化するのが難しかった。また、逆にいえば、馬による牽引作業が農機具メーカーによって進歩を遂げたため、簡単には廃《すた》れないしぶとさを持っていたのだ。

トラクターが革新的に見えたし、実際そうだったのは、小麦の生産のうち投入するすべての労力の六〇％を占める耕耘作業を、最後の最後で一気に機械化したからなのである。

ちなみに、「トラクターの父」ジョン・フローリッチは失意のなかでアイオワ州のマーシャルタウンに移ったが、その天性の器用さを生かして洗濯機を開発して大儲けをし、富裕になったという。トラクターの父は、一九三三年三月二四日、八四年の人生を終えた。

第2章　トラクター王国アメリカ――量産体制の確立

1　巨人フォードの進出――シェア77%の獲得

フォードT型の爆発的普及

二〇世紀前半、アメリカのトラクターは飛躍的に普及していく。第一次世界大戦前に使われていたトラクターはわずか一〇〇〇台にすぎなかったが、一九三〇年代には一〇〇万台に達し、一九五〇年代初頭には四〇〇万台を超えた。

この間《かん》、トラクターを格段に進歩させた五つの画期があった。

第一に、流れ作業による大量生産方式の始まり（それにともなう価格の下落）。

第二に、パワー・テイク・オフ（PTO＝power take-off）の開発（それによる作業機＝取り付け農具のパフォーマンスの進化）。

第三に、IH社のジェネラル・トラクターの開発（トウモロコシや綿花のような畝地でも、栽培途中の中耕＝畝間の除草と耕耘が可能に）。

第四に、ファーガソンによる三点リンク（three-point hitch）の開発（トラクターの転倒しやすさの克服と、土壌の性質に適合した土壌攪拌《かくはん》・砕土《さいど》が可能に）。

第五に、アリス＝チャルマーズ社のゴムタイヤの使用（トラクターの地面に対するグリップ力の向上）である。

トラクターの大量生産に成功したのは、「自動車王」ヘンリー・フォードである。フォードは、一九世紀から二〇世紀の転換期にかけてのアメリカを象徴する存在であった。アメリカの自動車生産は、一九〇〇年には四〇〇〇台そこそこだったのが、一九一〇年には二〇万台に迫り、一九二〇年には二〇〇万台に到達、一〇年で一〇倍も生産量が増えたことになる。これはフォードの開発した自動車、フォードT型の賜物であった。

フォードT型は、単にアメリカの自動車生産台数を飛躍的に押し上げただけではない。安価なフォードT型は、大衆消費社会の幕開けを告げ、その流れ作業による生産は、産業の分野を超えて、労働者に労働時間の短縮とわずかではあれ賃金の上昇をもたらした。雇用者と被雇用者の対立や、一握りの富裕層の生成と貧困層の増大という社会問題を、フォードは安価な自動車の開発と合理的生産様式によって解決しつつあるように見えた。まさに革新主義の申し子というべき存在といえよう。けれども、都市部だけを見ていては、フォードがアメリカにもたらしたインパクトを著しく矮小化《わいしょう》化してしまう。

フォードソンの衝撃——七七％のシェア獲得

一九〇五年六月一六日、フォード自動車会社を設立していた彼は、自動車の技術をトラクターに用いる着想を得ると、一七年七月二七日、二輪駆動トラクター「フォードソンFordson」製造専門の会社をフォード自動車会社から分離独立させる。フォードソンはついにデビューすることになる。フォードソンの工場は、自動車と同様に流れ作業方式が導入された（2-1）。一九一八年三月の段階で、一日八〇台のトラクターが生産できるまでになっていた（*Williams, Fordson, Farmall, and Poppin' Jonny*）。

この背景には、第一次世界大戦中、ドイツのU-ボート（潜水艦）によって穀物輸送船を攻撃されていたイギリスが、深刻な食糧不足と農村の労働力不足に悩まされていたことがあった。イギリス政府は、自国の農業生産力を上昇させるため、すでに試験段階で紹介されていた「フォードソン」の購入に踏み切る。一九一七年、イギリス政府は、フォード社から五〇〇〇台のフォードソンを購入する。電気モーターで動く潜水艦と内燃機関によって動くトラクターが象徴しているように、第一次世界大戦は兵器のモータリゼイションの進歩に著しい貢献を残した戦争であった。

一九一八年にはアメリカ本国でも販売されるようになる。性能は高くないが値段が安いフォードソンは、農機具メーカーの老舗であったIH社とディア＆カンパニー社にとって大き

2-1　フォードソンの工場

な脅威となった。一九二二年一月、フォード社は、トラクターの価格を二三〇ドル削減し、三九五ドルで売り出す（*Ibid.*）。フォード社は農機具生産の伝統をまったく持たない。にもかかわらず、この自動車産業のトラクター業界への参入は、先行の二社に生産コストの削減を迫った。一九二三年には、フォードソンはアメリカ全土のトラクターのうち、なんと七七％のシェアを占めるまでになる。R・C・ウィリアムズはこう述べている。「フォードソンを購入してもなお、多くの農場では馬が必要であり、安くなった価格もすべての農場に適していたわけではなかった。だが、値段が四〇〇ドルを切ったことで、フォードソンは、これまで真剣にトラクターの力について考えてこなかった数百万の農民たちを魅了した」（*Ibid.*）。

しかしながら、フォードソンには致命的というべき弱点があった。

第一に、フォード社は、農機具メーカーでないため、トラクターの後部に接続する作業機を生産しなかったことである。それゆえ、フォードソンと別メーカーの作業機との接合・連繫がしっくり行かない場合も多く、使い手に不満が蓄積した。第二に、転倒しやすかったことである。耕地で動かすにはバランスが悪く、作業機が土壌に引っかかって、前輪が浮くこともあった。「人殺し」と批判されるほど事故が多かったのである。どちらも自動車メーカーならではの弱点といえよう。

IH社は、フォード社との六年にわたる熾烈《しれつ》な競争の末、一九二七年に再びフォード社の売り上げ台数を超えることになる。

第一次世界大戦による普及、拡大

トラクターの普及は、第一次世界大戦を一つの画期とする。

すでに述べたように、フォード社は、第一次世界大戦を四年も戦ってきたイギリスの農村の労働者不足を補うために、トラクターを輸出した。また、一九一七年四月六日にドイツに宣戦布告し、参戦することになったアメリカは配給制度を敷くが、それをうまく利用して資材を入手し、末端まで流通網を組織した。

また、畝立て作物の農地でも利用可能なジェネラル・トラクターの開発にいち早く成功していたミネアポリスのモリーン社もまた、イギリス政府にくわえフランス政府にもトラクターを販売した。
当時、英仏ともに西部戦線でのドイツとの戦闘で膨大な犠牲者を出していた。トラクターの購入は戦争の勝利に寄与し、ひいては愛国者の義務になる、という文句を用いて、販売を進める商人も出てくる。

たとえば、一九一七年五月初頭、アメリカ参戦の翌月に、『パワー・ファーミング』という雑誌には、トラクターを導入することで、労働力の節約を図って男性労働者を戦場に送り、連合国の食料を生産して戦争に貢献せよ、という記事が掲載されている。つまり、トラクターは、作物だけでなく兵士の「産出」にも役立つわけだ。実際に、食料の戦時価格の高騰で得た資金で、農民たちはこぞってトラクターを購入した。アメリカでは、戦時中だけで一五万九五五台のトラクターが生産された、という。

第一次世界大戦は大量殺戮の二〇世紀を象徴する歴史的事件であったが、トラクターの歴史にとっても重要な出来事であった。それはなぜか。

第一に、農村から馬が多数徴発されたからである。第一次世界大戦でも一九世紀の戦争と同様に馬は必要な動物であった。騎馬戦は激減したとはいえ、軍事物資の運搬としては依然として馬が頼られた。馬不足は、ヨーロッパでとりわけ深刻になり、牽引力で劣る牛に代替することもあったが、抜本的な対策にはならなかった。

第二に、農村の若い男性が戦場に向かい、軍需産業が活発になり農村から都市へと人口が流れていったからである。深刻化する農村の労働力不足を、農場に残った女性と老人と子どもがカバーしたり、政府が配置した捕虜の労働力で補ったりしたとはいえ、状況を大きく変えることはできなかった。

第三に、第一次世界大戦中に共同利用の事例がみられたからである。いくつかの州ではフォードソンを購入し、地域の共同利用を促した。ペンシルヴァニア州では四〇台が購入され、フォード社のお膝元であるミシガン州は、一〇〇〇台のトラクターを購入し、隣人との共同利用に同意した農民たちに転売したという。

人も動物も戦場へ駆り立てるなかで、それらよりも大きな馬力を持つトラクターに熱い視線が注がれるようになるのも、そして、その共同利用が試みられるのも、自然の成り行きと言えるだろう。

ただ、第一次世界大戦に勝利を収めたアメリカでは共同利用の試みは廃れ、個人所有が主流となっていく。そのかわりに、戦争中に革命を起こし戦争から離脱したソヴィエト・ロシアではトラクターを中心とする農業機械の共同利用、ただし上からの強制的な共同利用が国策となっていくのである。

2　農機具メーカーの逆襲――機能性と安定性の進化

IH社の攻勢――PTOの開発

第一次世界大戦が終わり、再び平和が訪れるなかで、しばらくトラクター・ブームがつづいた。アメリカのその販売台数は、一九一八年には九万四七〇台だったのが、一九一九年には九万六四七〇台、二〇年には一六万二九九八台と膨れ上がる。とくに、フォードソンは、戦時中に築いた市場を頼りに順調に台数を伸ばしていった。だが、フォードソンの時代は、長くはつづかなかった。

それはすでに述べたように、フォードソンの弱点を克服するライバル社側の攻勢がなにより大きかった。特筆すべきは、一九二二年のIH社によるPTOの導入であった。PTOとは、「パワー・テイク・オフ」という原義どおり、トラクターの動力部分を作業機に伝える装置のことである。

PTO導入以前は、トラクターは犂を牽いてもそれを動かすことはできなかった。ところが、PTOの登場で、たとえば、犂刃をエンジンの動力で力強く回転させる装置、つまりロータリー犂を接続できるようになった。現在のトラクターにも欠かすことのできない装置であり、不可逆的な進歩の一つだ。

PTOの発明者はアメリカ人ではなくフランス人のアルベール・グジス（一八六〇－一九三〇）。彼は、一九〇六年、自家製のトラクターにIH社の前身の一つであるマコーミック社の収穫結束機を備え付けた。これは、マコーミック社の創業者サイラス・マコーミック（一八〇九－八四）が一九世紀後半に開発したもので、馬の後ろに接続し、推進力をギアとチェーンの組み合わせによって刈り取り部分と結束部分に伝え、麦を刈り取り、紐で束ねる優れた機械であった。一九世紀、牽引力が馬の段階でマコーミック社をはじめとする農機具メーカーは、すでにトラクターの作業機の基本的な構造を作り上げていたのである。これは、新参者の自動車産業には真似できない技術であった。

もちろん、馬用の装置をそのままトラクターに取り付けても、せっかく馬よりも強力な動力が抽出できるにもかかわらず利用できない。そのためにIH社は、グジスの会社に技術者を送り込み、グジスの技術をマスターすることでトラクターの動力を抽出できるPTO装置の量産にいたったのである。

PTO装置には、ロータリー犂や砕土機（ハロー）、のちには、テンサイ収穫機やジャガイモ収穫機、肥料散布機や農薬散布機など、接合部分が規格どおりに設計されていれば、どんな作業機でも取り付け・取り外しが可能になった。しかも、馬の時代よりも強力かつスピーディーに作業ができるようになったのである。

2-2　ファーモール

ファーモールの画期

IH社はフォード社への逆襲の手を緩めなかった。PTOにつづき、「ファーモール Farmall」(2-2)を開発し、フォード社のトラクター業界に占める地位を一挙に引きずり下ろす。ファーモールとは、「ファーム(農場)」と「オール(すべて)」を組み合わせた名前で、農事百般という意味である。名前のとおり、さまざまな農作業に適応可能な柔軟性を持っていた。

アメリカは、小麦のみならずトウモロコシと綿花の栽培地も広い。小麦は畝を立てなくともよいが、トウモロコシや綿花は畝を立てて水はけをよくし、ある程度育ったら畝の隙間の雑草を取り除き、土を攪拌して、それを畝に寄せることが必要である。この一連の作業を「中耕《ちゅうこう》」という。中耕は、耕耘や施肥や除虫と並んで、生産量を左右する重要な作業である。しかし、既存のトラクターでは、畝の隙間に入るほど車高は高くなく、また、車輪の位置も合わなかった。

IH社は、ひそかに、畝を立てて生産する作物の農地でも使用可能なロークロップ・トラクターの開発を進めていたのである。

すでに述べたように、それ以前にも畝立て畑地用のトラクター、モリーン社の「モリーン・ユニバーサル・トラクター」が開発されたが、市場では目立つことはなかった。とはいえ、畝の畑でもきちんと対応できる設計になっており、第一次世界大戦に参戦する前後、モリーン社のトラクターが少なからず市場に進出していた。ただ、戦後登場したファーモールはそのコスト削減に成功したのだった。

IH社のファーモールは、赤く塗られ、無駄を排したすっきりとしたボディに、高い車高。前輪は二つの車輪をぴったりとくっつけ、畝のあいだでも作物を傷つけずに前進でき、中耕ができるように設計された。他方、モリーン社は、経済恐慌の煽りをくらい、トラクター生産を止めてしまう。

なお、IH社は、PTOとファーモールの開発のほかにも、とりわけ農村部では死活問題になる防塵フィルターの性能を高め、内燃機関への負担を減らし、トラクターの寿命を一挙に延ばすことに成功した。

ジョン・ディアD型とネブラスカ・テスト

さらにフォードソンに立ちはだかったのは、一九二三年に登場したディア&カンパニー社のジョン・ディアD型（2-3）であった。

ジョン・ディアD型は、フォードソンよりも丈夫でしかも扱いやすく、排気ガスもあまり出ないスマートな作りであった。ジョン・ディアのシリーズは、軽快なエンジン音を響かせるため、「ポッピンジョニー」や「ジョニー・ポッパー」という愛称で親しまれた。ジョン・ディアD型はこれから三〇年にわたって売れつづけていく。

数年で市場から消えるのが通常であるトラクターの世界で、これだけのロングセラーが可能だったのは、ジョン・ディアD型の設計者たちが、トラクター史上初めて、現場からのフィードバックを網羅的に分析し、それを開発に生かしたからである。農業試験場や政府から払い下げられた土地付与大学《ランド・グラント・カレッジ》に勤める技師からこれまでのトラクターの経験を教えてもらい、それを生かすことができた。発明家、企業、大学、政府が手をとりあって進歩を遂げていくことが二〇世紀のアメリカの基調としてあるとアメリカ史家の有賀夏紀は強調するが、まさにディア&カンパニー社の試みはそれを具現化していたといえよう。

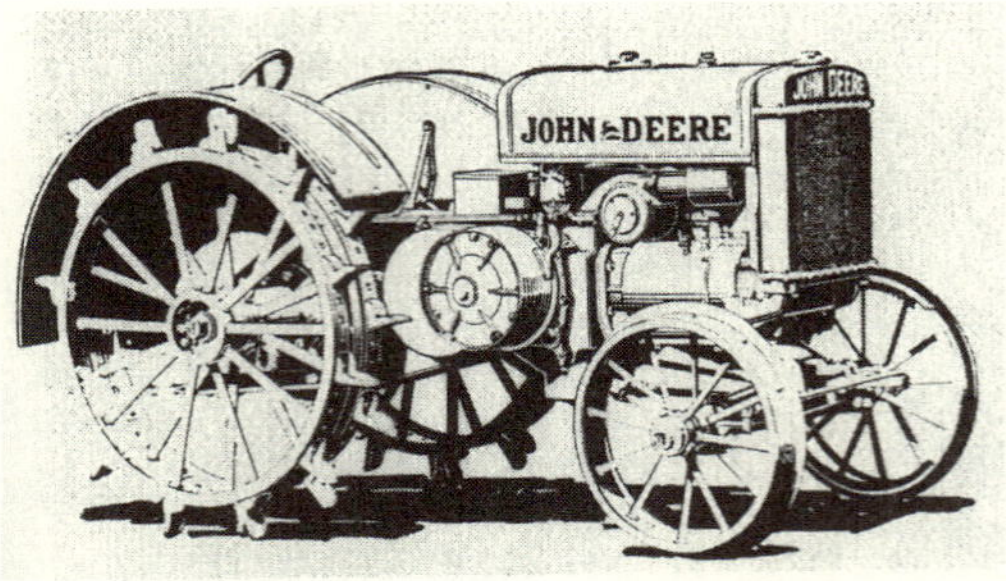

2-3　ジョン・ディアD型

その意味では、一九一九年七月一五日から始まったネブラスカ州立大学によるトラクター・テストも大きな役割を果たしていく。これまではトラクターの性能や安全性については一致した基準がなかったが、中立を保つ大学でのテストが導入されることで、農民たちもそれを基準に購入できるようになったからだ。

テストの初期は、料金が高く、欠点も多々見つかるので、トラクターの企業は参加に消極的だった。だが、次第に企業もその価値を認めて提供を始め、「ネブラスカ・テスト」の名が国内のみならず国外でも知られるようになる。企業も、ネブラスカ・テストに刺激を受け、生産ラインの改善に乗り出していく。

また、ディア&カンパニー社は、ファーモールに挑戦すべく、畝を立てた農地でも可能なロークロップ・トラクターの開発に乗り出した。四連の畝に対応できるジョン・ディアA型を製作、これが成功を収めることになる。

ほかにも、一九三五年から、マッセイ＝ハリス社、オリヴァー社、J・I・ケース社などのトラクター企業によってこの種類のトラクターがつぎつぎに開発され、競争が激化した。IH社は、結局、一九三七年までに一一種類、ディア&カンパニー社も同年までに一二種類のロークロップ・トラクターを売り出し、林業や果樹園も含め、さまざまな用途に対応できるようになったのである（*Ibid.*）。

ゴムタイヤのヒット——アリス＝チャルマーズ社

大量生産、PTO、畝立て対応、という三つの革新に加え、アメリカのトラクターを変えたのは、空気入りゴムタイヤの使用であった。

すでに述べたように、トラクターの技術革新は、まず、力強さや多様な作業への対応という目標のもとに進んでいったが、運転手の快適性の問題は後回しにされがちであった。二〇世紀前半、ほとんどのトラクター運転手は、吹きっさらしの運転席で、エンジンの振動と騒音と土ぼこりを直接浴びながら鉄の椅子に座っていた。トラクターの運転手が飛行機の操縦士のようにマスクとゴーグルをしていることが多かったのもそのためである。

そんななかで、快適性の問題に本格的に取り組んだ企業が、アリス＝チャルマーズ社であった。もともとは工業機器メーカーであったが、一九一三年から農機具メーカーに転身、トラクターを製造していた。

アリス＝チャルマーズ社が脚光を浴びたのは、小型で、デザインがよく、ゴムタイヤを使用した快適なトラクターを製造したからである。アリス＝チャルマーズ社の副社長ハリー・C・メリットという人物は、アメリカの「タイヤ王」と呼ばれたハーヴェイ・ファイアストーン（一八六八−一九三八）に、トラクター用タイヤの実験的生産を持ちかける。だが、ファイアストーンは断わった。彼は、一八九〇年に馬車用のゴムタイヤを製造する会社を設立して以来、フォード社の自動車タイヤを担当し、フォードとともにアメリカ経済を率いた企業家であった（現在はブリヂストンに買収された）が、トラクターには関心を示さなかった。

ただ、ファイアストーン社は、かつて、飛行機の巨大なタイヤを作ったことがあった。アリス＝チャルマーズ社はその鋳型を使い、ファイアストーンから直接的な技術援助を受けることなく、タイヤを作り出すことに成功した。

アリス＝チャルマーズ社の挑戦に刺激を受けたファイアストーン社とグッドイヤー社という大手タイヤ企業も、結局、トラクターのタイヤ製造に乗り出すことになる。一九三三年、アリス＝チャルマーズ社は、空気入りゴムタイヤのついたWC型（2-4）を生み出した。

ゴムタイヤは、農民たちには見慣れないものだった。そこでアリス＝チャルマーズ社は、宣伝のために有名なカーレースの運転手であるバーニー・オールドフィールド（一八七八-一九四六）を雇い、トラクターレース（2-5）を組織して、自社製のゴムタイヤトラクターを走らせた、という。オールドフィールドが打ち立てた時速六四・二マイル（約一〇三キロメートル）は、農業用トラクターの速度の世界記録である。

こうした宣伝の甲斐もあって、ゴムタイヤ付きトラクターは爆発的に売れた。一九三二年に初めて売り出されたゴムタイヤ付きトラクターは、三五年にはすべてのトラクターのうち一四％だったのが、三九年までに八三％にまで急上昇、翌年には新しいトラクターの九〇％がゴムタイヤを付けていた。ゴムタイヤは振動を運転手に伝わりにくくし、操縦中の身体的・精神的な消耗を防ぎ、運転をより快適にしたのである。

さらに、アリス＝チャルマーズ社は、小型トラクターをつぎつぎにヒットさせていく。とくに、一九三七年に誕生した「ベイビー・トラクター」という愛称のB型（2-6）はわず

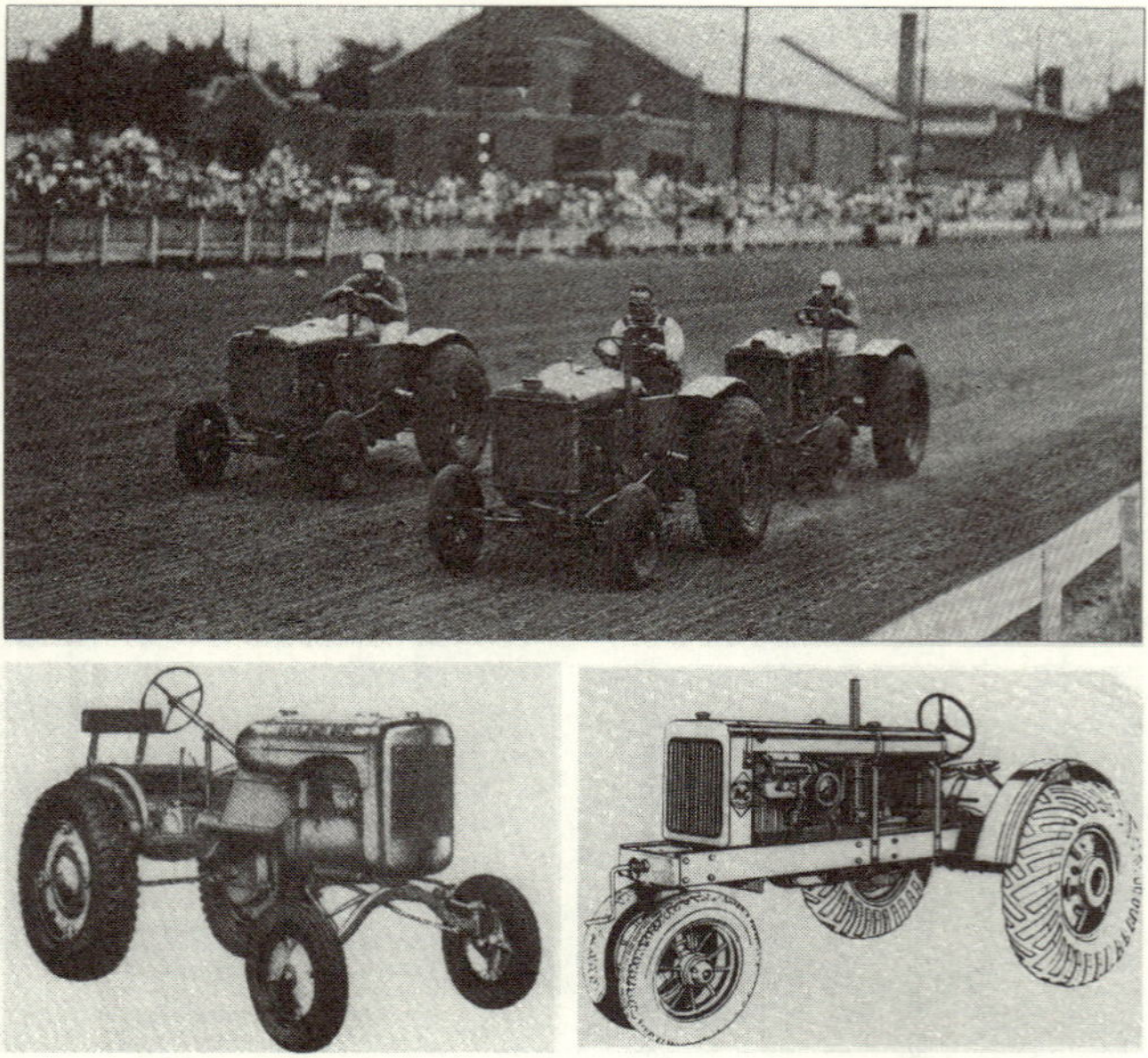

2-4～6　アリス＝チャルマーズWC型（右）．アリス＝チャルマーズR型によるトラクターレース（上）．アリス＝チャルマーズB型（左）

か四九五ドルであった。また、デザインにも凝った。色も、農場で目立つ鮮烈なオレンジを使い、従来支配的だった地味な色合いのトラクターから差別化を図った。アリス＝チャルマーズ社のトラクターには「セックス・アピール」があるとしきりに宣伝されたのであった。もちろん、IH社もディア&カンパニー社も、アリス＝チャルマーズ社の破竹の勢いに刺激を受けつつ、小型トラクターやゴムタイヤ付きトラクターを世に送り出していった。

ファーガソンの三点リンク――フォードの逆襲

一九二七年にはもはやアメリカで売られなくなったフォードソンも、他社の猛攻に対し反撃の機会をうかがっていた。それを実現させたのが、三点リンクの開発である。

ハリー・ファーガソン（一八八四－一九六〇）は、北アイルランドのダウン州出身の技師である。アメリカのライト兄弟に憧れ、イギリスで初めて自分の作った飛行機に乗って飛行したユニークな経歴を持つ。ファーガソンの才能に惚れ込んだフォードは、しばらく低迷していたフォードソンの復活のために、前輪が浮かび上がりひっくり返りやすい「人殺し」と批判された欠点を克服しようとした。

ファーガソンは、作業機との連結部を旧来のように一点ではなく三点にし、油圧シリンダーを用いることで、さまざまな地面の状況に対応して、自動で作業機を上げ下げできるようにした（2-7）。作業機の重さでトラクター本体を安定させ、転倒を防いだのである。

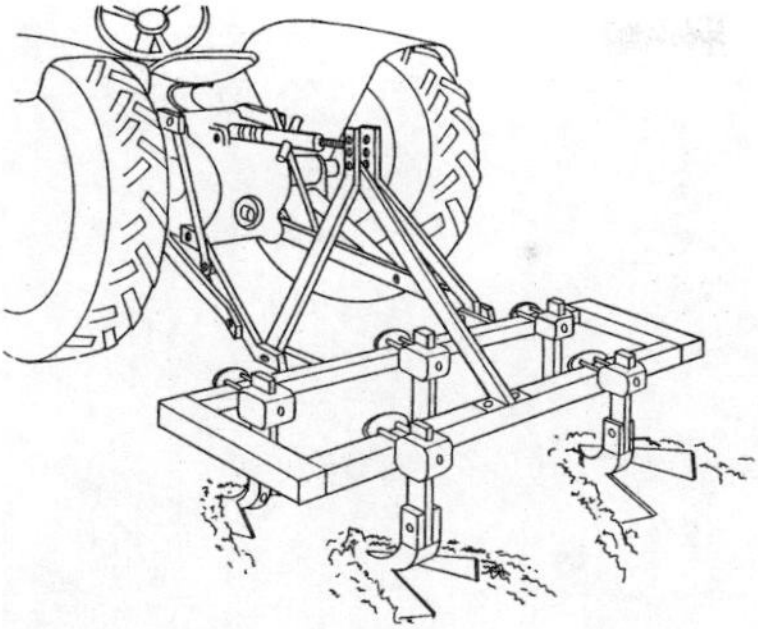

2-7　三点リンク

三点リンクは、一見地味な発明に見えるが、PTOやゴムタイヤのように、現在にいたるまでトラクターの基本装備品で、ファーガソン自身も「美しいテクノロジー」と自

2−8　フォード＝ファーガソン９Ｎ型とフォード（左から２人目）とファーガソン（左端）

賛する画期的な技術革新であった。以後、この「三点リンク」（アメリカでは「三点ヒッチ」、イギリスでは「三点リンケージ」と呼ぶ）は現在でもトラクターの標準機能となっている。

一九三八年一〇月、ミシガン州ディアボーンにあるフェアレーンというフォードの所有地で、ファーガソンは三点リンクのトラクターを試運転してみせた。フォードとファーガソンは握手をして共同製作に合意（「ハンドシェイク・アグリーメント」と呼ばれている）、転倒しにくいフォード＝ファーガソン９Ｎ型（２−８）の生産に移行することを決める。一九三九年六月、フォードは、ジャーナリストたちをフェアレーンに呼び、新しい三点リンクのトラクターを公開した。そこには開発者のファーガソンの姿もあった。

ファーガソンシステムを搭載したフォードのトラクター、フォード＝ファーガソン９Ｎ型は、四気筒エンジンを搭載、PTO付きで、畝立て作物にも対応でき、軽くて小さいが、ファーガソンの職人気質と美学が前面に出たダークグレイの渋いトラクターであった。

フォードソンのように市場を席巻したわけではなかったが、軽さと小ささが受けて、ロングヒットを飛ばす。フォード＝ファーガソンのシリーズは人気となり、一九四二年、フォード社は市場の二〇%を占め、トラクター生産の二番手から三番手のあたりにカムバックを果たし、約一〇万台のフォード＝ファーガソン9N型が販売された。

歩行型トラクターの誕生

トラクターの発展史で欠かせないのが、歩行型トラクターの開発である。これは、アメリカだけでなく、スイスやオーストラリアやアジアで展開を遂げるのであるが、この節の最後に、欧米での歩行型トラクターの歴史を概観しておきたい。

一九一〇年、スイスのバーゼルで、コンラート・フォン・マイエンブルク（一八七〇－一九五二）が耕耘機の特許を取得し、そのライセンスをベルリンのジーメンス＝シュッカートヴェルク社に認めた。ジーメンス社はドイツ最大の電機メーカーだが、電気モーターを使った二輪の歩行型トラクターを製造した。しかし、電気では出力が弱いので、ジーメンス社は内燃機関の二もしくは四ストロークの歩行型トラクターの製造に移行する。

ちょうど同じようなトラクターを、スイスのシマール社が作成した。シマールSimarとは、ロータリー農業機械工業会社（Société Industrielle de Machines Agricoles Rotatives）のフランス語の頭文字をとったものである。シマール社は、二・五馬力から一〇馬力の歩行型トラクターを開発し、販売した。

また、アメリカでも一九一二年に、シカゴ・トラクター社が歩行型トラクターを製作し、モリーン社も歩行型トラクターを売り出していた。どちらも、耕耘だけでなく運搬も可能であった。

さらに、オーストラリアでも、重要な歩行型トラクターが生まれていた。発明したのはアーサー・クリフォード・ハワード（一八九三―一九七一）である。ハワードはニューサウスウェールズ州の父親の農場で蒸気トラクターのエンジンを用いた歩行型トラクターを研究するなかで、L字型の刃の回転によるロータリー式の耕運が可能であることを知った。一九二〇年にハワードは内燃機関を内蔵した歩行型トラクターの特許を取得し、二年後、シドニー郊外のノースミードにオーストラリア自動耕耘機製造会社を立ち上げたのである。この会社は一九二七年にハワード自動耕耘機会社と名前を変えるが、世界市場でも攻勢を仕掛けるために、ハワードは一九三八年、イギリス・エセックス州イーストホーンドンに新会社・ロータリーホー社を設立、この会社は世界中に支店を設立したが、一九八〇年代にデンマークの会社に買収されている。

3　農民たちの憧れと憎悪――馬への未練

動物の延長としてのまなざし

二〇世紀前半のアメリカの農民たちは、他の国の農民たちと比べて、トラクターを歓迎したように見える。トラクターを購入したおかげで、自分の両親がやってきたように、重い荷物を肩にかけて畑を歩き回る必要はなくなった。労働時間も短縮され、必ずしもすべての農民というわけではないが、余った時間をレジャーに使う農民も登場した。

R・C・ウィリアムズによると、第二次世界大戦中、アメリカの戦時生産委員会はこう報告している。一年間に動物の世話に必要な時間は二五〇時間だが、トラクターはこれを省くことができた、と。また、一九一六年頃までは馬とトラクターの収益性は変わらないという報告が多かったが、次第にこの問題は雑誌などで取り上げられなくなり、逆に、トラクターは、投資に対して収益性が高いと報告する農民たちが増えていった。そのおかげで、農民たちはトラクターの所有と使用に誇りを持つようになる。トラクターは、アメリカの独立した農民像に適合した農村のステイタス・シンボルとなったのである。

他方で、トラクターの歴史は、それに対する違和感との闘いの歴史でもある。反対派と賛成派が各々論陣を張り、論争は家族内だけではなく、個々の人々の心のなかにも及んだ。こ

2－9　初めて農場にトラクターが来た日を描いたボブ・アートリーの絵

うした憧れと反感のはざまに揺らぐトラクターへの感情を知るのに格好の史料がある。

第一に、アメリカの風刺漫画《カートゥーン》家ボブ・アートリー（一九一七－二〇一二）の絵を二枚見てみたい。アートリーは、少年時代に暮らしていたアイオワ州ハンプトンの農村の生活や道具を詳細に描く画家である。

この絵（2-9）は、フォードソン購入後、長年親しんだ馬を手放す瞬間を描いたものである。父親は、「いいか、やつのためにあまり速く運転するなよ！」と老馬を連れ去る車の運転手に注意している。子どもたちのコメントも秀逸である。弟は馬に向かって「さよなら、老いぼれターヴィー！」と涙を浮かべて別れを惜しんでいる一方で、兄は「どうやってトラクターって世話するんだ？」とつぶやいている。

また、絵の説明として、アートリーは、「わたしたちが最初のトラクターを迎え入れるために牽引用の馬のうち一頭を下取りしてもらった——わたしたちは動力を手に入れたが、友だちを一頭失った」と記している（Apps, *My First Tractor*）。馬は動物であり、子どもと一緒に農場で育つ。兄弟のような馬との別れは子どもにとってはつらかっただろう。その一方で、トラクターを、動物の延長としてとらえるまなざしは、人間が機械と接触したときに生まれる根源的な不安を暗示しているように思える。

「恐ろしくうるさかった」――轟音と排気ガス

アートリーは、漫画集の『むかしむかし、ある農場で』（二〇〇四）のなかで、トラクターがやってきたときのことを、つぎのように回想している。少し長いが貴重な証言であるので引用しておきたい。

一九二〇年代の半ば、パパは一台のフォードソン・トラクターを購入した。この新しい動力源によってぼくたちは、普通の犂と円盤犂〔通常の犂よりも細かく土を砕くために用いられる自転する円盤型の犂。日本でもディスクプラウと呼ばれる〕を、限られた耐久力しかない馬よりも速く、長時間にわたって牽けるようになった。けれども、畑での仕事はこれまでとはまったく異なるものになった。とても素晴らしいものが消え去ったのである。力強いエンジンの轟音《ごうおん》と回転するギアから発するキーンという音で耳が聞こえなくなり、完全な静寂のなかに包まれ、畑の自然の音がかき消されてしまった。そして、

〔中略〕排気ガスとエンジンの熱くなった潤滑油のにおいが、押しつぶされた草と湿り気のある肥えた土の香りを窒息させる。

二連の有床犂には木製のとめくぎがついていて、それがトラクターの連結部と接続しているのだが、犂が岩に衝突すると、そのとめくぎが壊れたり折れたりする。だから、フレームが曲がったり犂の刃が欠けたりしないように、注意して運転する。岩にぶつかると、その岩のうちいくつかは実際には巨石の一部なのだが、春の農作業が進まなくなる。これらの有害な石はあらかじめ掘り起こされ、引きずり出し、小さな森の端に積んである岩の山に積み上げておかなくてはならない。何時間にもわたってバールで岩を持ち上げたり、運んだり、あるいは邪魔な巨石をダイナマイトで爆破さえしたりして、春以降の仕事の邪魔や事故にならないようにするのだ。

とうもろこし畑を耕した後、円盤犂で二、三回土を粉々に砕き、スパイクハロー〔地ならしをする、ギザギザの歯のついた馬鍬《まぐわ》のこと〕で黒いビロードのように滑らかにする。こうして種を蒔く準備が整うのである。

(*Once Upon a Farm*)

アートリーは別のところでもこう述べている。「フォードソンはパワフルでいろいろな場面で助けてくれるのでありがたいが、恐ろしくうるさかった。一日運転したあとは、エンジンの轟音とギアから発する高音のノイズのため耳が一時間そこら聞こえなくなる」。当初のトラクターは、相当不快だった。あとでも述べるように、とくに運転席がオープンエアだと長時間の騒音は健康に害を与える。機械油のにおいと重なって、トラクターは、アートリーの聴覚と嗅覚に強烈な印象を残したようだ。

岩との衝突

また、岩を取り除く描写も興味深い。役畜で耕していた頃から犂の刃が岩に衝突する問題は当然あったはずだが、なぜ、彼は、トラクターの話題であえて岩の問題を取り上げたのだろうか。それはトラクターのスピードが速く、地面を見ながら作業できないので、ぶつかる前に予測ができないからである。馬ならば、大きな石があればすぐに止めて取り除くこともできるが、トラクターは簡単には止まれない。

自動車の登場が人間や建物との衝突事故を大量にもたらし社会問題になり、道路整備と交通整理が行政の役目となっていき、その延長線上にナチスのアウトバーンの建設事業もあるのだが、トラクターの登場も岩や巨石との衝突事故をもたらした。「車は急に止まれない」という標語は、自動車よりも相対的にスピードが遅いトラクターの歴史にも影を落としている。トラクターが導入された頃には二人での乗車が多かったのも、トラクターと作業機を監視しなければならなかったからだ。

トラクターは、毎日の餌を与える作業から人間を解放する一方で、別の作業時間を増やし

2-10　父にトラクター運転を指導してもらう子の姿を描いたボブ・アートリーの絵

たことにも注意を向けなくてはならない。

再び、アートリーの絵（2-10）を見てみよう。彼はこんな解説文をつけている。「運転席に乗って、これだけの力を自分のコントロールの下に置けるのはなんてスリルのあることだっただろう――そして、もしもコントロールを失ったときでもパパが隣にいてくれるのは、なんて安心することだっただろう」。アートリー少年は、訓練も兼ねてフォードソンに乗っているのだが、ここに父親も乗車している。

重要なのは、父親の目線が子どもではなく、あるいは前方でもなく、掘り起こされている部分に向いている点である。ここから生まれるトラブルを未然に防ぎながら、父親は息子にトラクターの運転技術を教えている様子には緊張感が漲《みなぎ》っている。

剛腕投手のキャタピラー

第二に、『マイ・ファースト・トラクター』（二〇一〇）というアンソロジーで、各界の著名人が執筆したトラクターとの初接触の光景である。ここでは三人ほど挙げておきたい。

一人目は、ボブ・フェラー（一九一八―二〇一〇）。アイオワ州のファン・メーターの農場の生まれで、農民である父は農地の片隅に照明装置をつけた野球場を造成し、そこで腕を上げた伝説の投手だ。一九三六年に一七歳でメジャーリーグのクリーヴランド・インディアンズに入団したフェラーは、豪速球投手として活躍し、三年間の兵役を挟んで、五六年に引退するまで最多奪三振を七回、通算二六六勝をあげ、殿堂入りを果たした。

アメリカでは「弾丸ボブ」、日本でも「火の玉投手」と呼ばれたフェラーは、実は、キャタピラー社製トラクターのコレクターでもある。その風変わりな趣味に辿り着いた理由について、彼はこう書いている。

わたしの父は、一九三〇年代初頭にアイオワ州で最初のキャタピラーのトラクターを購入した。みんな、やつは気が狂ったと言い、父にも「これは動かないよ」と話していた。この地域の人たちは、フォードソンかファーモール、ジョニー・ポッパーかオリヴァー〔社のトラクター〕を運転していた――車輪つきのトラクターである。誰もがあんな気違いの履帯をつけたキャタピラーなんて使っていなかった。でも、これは端的にいって正しくはなかった。／そう、彼らがみんな間違っていたことは必然だった。キャット20型〔キャタピラー社のトラクターの名前〕はわたしたちの農場でその能力を証明してみせたので、わたしとほかの農民たちが改宗したからだ。(Apps, *My First Tractor*)

子どもの頃からキャタピラーに慣れ親しんだフェラーは、引退後、キャタピラー社のトラクターを集め始める。「自分の若い頃と直結している思い出の一つが、一九三〇年代の子どもだった頃操縦していたキャット20だった」、と彼は自己分析している。

本書の関心からすると、アイオワ州はアメリカのコーンベルト地帯の中心地であり農業が盛んであるが、ここでも履帯トラクターを購入することが珍しい、つまり、小型や中型のトラクターを使用する農家が一般的であった、という事実を示す貴重な証言である。

隣の家のジョン・ディア

二人目は、オーラン・ガーフィールド・スケア(一九二七―二〇〇九)である。彼は経済学者であるが、ミネソタ州のバグリー近郊の農村出身で、子どもの頃の記録を残している。彼のトラクターとの出会いも興味深い。

一九三〇年代の初頭、隣に住んでいる脱穀作業請負人の家にトラクターがやってきた。他の隣人たちもつぎつぎにトラクターを購入している。資金がないスケアの家にはまだなく、彼の父親もこう言って焦りを鎮めていた。「カラスムギと牧草を育てれば馬たちを育てられるのに、なんでトラクターのために石油を買わなきゃならないんだ」

スケア少年は、馬を汗臭い「野獣」と決めつけ、バケツにカラスムギを入れて馬に持っていく以外には関心を持たなかった。他方で、トラクターが家になかっただけに、憧れは募り、隣人の「ジョン・ディアD型」に魅せられていく。隣人は、それを運転して、扱いにくいハンド・クラッチ・レバーを前後に動かし、自宅の作業場の脱穀機の近くに止め、そこから取り出した動力を脱穀機にベルトで接続していた。緑色に塗られた二気筒のジョン・ディアD型は、すでに述べたように、ディア&カンパニー社のロングヒット商品である。当時はとても大きいトラクターとみなされていた、とスケアは振り返っている。

トラクターの虜となったスケア少年は、隣人の男がエンジンをかける光景まで覚えている。圧力を逃すために、二つの大きな気筒のそれぞれのコックを開く。エンジンが始動したあと、コックを閉じるまで、ゼイゼイパタパタという大きな騒音を発していた、という。

一九三〇年代後半、彼の両親は、干し草作りと耕耘で使用する小型トラクターの購入を真剣に考え始める。バグリーにはIH社、アリス＝チャルマーズ社、フォード＝ファーガソン社の地域販売特約店が存在していた。しかし、父親とスケア少年はジョン・ディアH型がお気に入りだった。これは、当時ポピュラーだったB型よりも幾分小さかったという。だが、もっとも近い場所にあるジョン・ディアの特約店がバグリーから八〇キロメートルも西に離れた場所にあったので、これは夢に終わった。

スケアの回想で興味深いのは、トラクターがない農家の憧れが隣人のトラクター購入によって否応なしに高まる消費社会的状況と、石油をわざわざ購入することへの違和感である。牧草地があるのだから、それでエネルギーは足りるはずなのに、わざわざ農場の外から石油を買うことへの忌避感。これは、つぎの回想にも描かれている。

牧草は育てられるけれどガソリンは……

三人目は、ベン・ローガン（一九二〇-二〇一四）という小説家で映画製作者の回想である。ウィスコンシン州の南西部の家族経営の農場が、彼の出生地である。

ローガンは、「九歳くらいのときにわたしはトラクターに恋に落ちた」と告白する。ある日曜日、家族全員で仲のよい家族のところへ遊びにいった。二人の男の子がいて、兄がドン、弟がジョージという名前だった。

ある日、ドンとジョージとローガンで家のまわりにトラクターを探しに行った。見つけたのは、木と鉄でできた車輪に滑り止めのついたフォードソンであった。ペンキが塗りたてのトラクターで、子どもたちは親に内緒でフォードソンにエンジンをかけようとする。

ジョージが、一分間ほどレバーやスイッチをいじくる。クランクをまわすとエンジンがうなりをあげ、煙を吐き出す。ジョージはトラクターに乗りギアを入れて、前に後ろにトラクターを動かし始めた。ジョージは、ローガンに「乗ってみるか」と尋ねる。ローガンは、乗りたいのか乗りたくないのかわからないまま、いつの間にか手伝ってもらってシートに座っていた。ローガンがハンドルを握って、「振動するモンスター」を動かして小さな円状にまわっているあいだ、ジョージはローガンの背後に立っていた。

ローガンは家に帰り、両親にトラクターの話をする。母親は「まさか乗らなかったわよね」と尋ねる。ローガンは答えなかったが、父親が「聞いてはいけないことだってあるさ」と救いの手を差し伸べる。ローガンは「トラクターを動かしたなんて、どうやって言えばいいだろう」と考えていたので、助かったのだ。

もちろん、母親は勘づいていたのだろう。彼女はため息をついた。母親は、全国からトラクター事故の記事を集め、トラクターは危険だと口を酸っぱくして言うような人だった。エンジンをかけるときにクランクをまわして骨を折ったとか、ギアに挟まって指を切断したとか、そんな事故について暇さえあれば子どもたちに語った。それでも、ローガンの頭はトラクターでいっぱいだ。農村向けの雑誌でトラクターの記事を読み、みんなが愛想をつかすまでその話をやめない。母親と兄のライルが、トラクター反対派であった。

とくに、ライルは「反トラクターのスポークスマン」だった。「おれたちはガソリンを育てられないんだよ。牧草は育てられる。それともトラクターのために牧草を育てるっていうのかい」とライルは批判する。「でも、トラクターは動いていないとき牧草を食べなくていいんだよ」とローガンは反論する。ライルは「でも、糞尿を出さない」とすぐさま言い返す。

「でもトラクターはたくさんの時間を節約してくれるよ」とローガンは食い下がる。「もちろんだ、でもお前が新しいトラクターを必要になったらどうなるんだ？　おれたちは隣の古いトラクターをもらってきて、隣のトラクターのようになるまで育てて、それが小さなトラクターを産むまで待つのか？」と言い返して、ライルに軍配があがった。いつもライルの前にぐうの音も出ない。

若者たちは「恋」に落ちていた

また、ローガンは、夏の間借りていた小屋の近くに住んでいるエイブという男が父親とトラクターについて話すのを聞いている。牧草地の端に二つの有床犂を、轟音を立てて牽引する赤いトラクターを眺めながら、父親はエイブにこういった。

「君のところの農場でトラクターが走るとは夢にも思わなかったよ」。「こうでもしなければ、息子はわたしのそばからいなくなっていたよ」と返すエイブはトラクターという機械自体にもしっくりきていない。「おれにはトラクターは人間をあまりにも空高く舞い上がらせようとしているように見えてならない。おれは、土をつかみ、土のにおいを嗅げるように地面まで降りていかなければならないんだ」

帰り道、父親から「お前はそれでもまだ、我が家がトラクターを持ったほうがよいと思うのか」と尋ねられる。頭のなかでは、フォードソンをハンドルでグイと動かし、ガソリンと潤滑油の香りを嗅ぎ、揺れ動く運転席のうえでエンジンのうなりを聞いていた。欲しいに決まっているのだが、「そんなに欲しくないよ」と父親に答える――。

トラクターに違和感を持つ理由もさまざまであることが、ローガンの二つの回想からわかるだろう。それは、肥料を生み出さない、牧草を食べない、繁殖できない、という馬にできるがトラクターに欠けている三点だけではない。あるいは、怪我をしやすいという理由だけでもない。土を触り、土のにおいを嗅いでいないと仕事をしたような気持ちになれない、というエイブの原初的感覚も貴重な民衆史の証言だといえよう。もちろん、その息子は、そんなことを感じずに赤いトラクターを自由に操る新世代の人間として描かれていて、そのコントラストは埋めがたく、また、鮮やかである。

ローガンが少年だった一九三〇年代、トラクターへの不安や不満ばかりが農村の人々の感情を占めていたわけではない。新世代の若者たちがトラクターという機械にどれだけ魅せられたのか。寝ても醒めてもトラクターのことを考えるほど、若い世代は、この「モンスター」に「恋」してきたのだった。

トラクターがもたらした災い

トラクターはまた、二〇世紀を激震させた二つの世界史的事件にもかかわっている。

一九二〇年代にトラクターを中心とする農業機械の発達・普及によって農業生産力が上昇

したことは、かならずしも農家にプラスに働いたわけではない。当然、他の農家も生産力が上昇し生産量も増えるので、市場に供出される農作物は過剰になり、第一次世界大戦後ももともと低位であった農作物価格はさらに下落する。

経営不振に陥り農地を手放す農民も増え始め、彼らの農業機械化に投資していた地方銀行も相次ぎ倒産した。過剰投資による農業恐慌は、一九二九年一〇月のウォール街の株価大暴落の間接的原因となったと説く研究者も少なくない。トラクターの歴史の観点から、R・C・ウィリアムズは、農業恐慌の原因はかならずしも農業機械化だけではないにせよ、大きな背景であったと述べている。

また、トラクターの登場は、馬の糞尿を肥料に使う慣習を徐々になくし、化学肥料の増産と多投をもたらした。トラクターと化学肥料のパッケージの急速な普及は、一九三一年から三九年にかけて、中西部平原地帯、すなわち大平原《グレートプレーンズ》と呼ばれる農業地帯で起こったダストボウルの原因の一つとなった（2-11）。この大平原が、トラクターという機械の生誕地であり、またその普及がもっとも進んだ農業地帯であることはすでに述べてきたとおりである。

2-11　ダストボウルで砂に埋もれたトラクター

ダストボウルとは、砂塵の器という意味である。さきほど述べたような過剰生産によって小麦の価格が減少し、それによって手放された耕作放棄地が乾燥した。化学肥料の多投とトラクターの土壌圧縮によって土壌の団粒構造が失われ、さらさらの砂塵になり、それが強い風に煽られて空気中に舞い、空を覆った。

田舎だけではない。シカゴやニューヨーク、首都ワシントンなどの大都会の空も黒い雲に覆われ、冬には「赤い雪」が降った。昼でも夜のように暗くなった、という報告も多数残っている。土壌浸食が起こった土地は手放され、三五〇万人に及ぶ農民たちは別の農地や都市へと追いやられる。政府は事態を深刻に受け止め、農務長官ヘンリー・A・ウォレス（一八八八－一九六五）を中心に土壌浸食対策に乗り出す。

その後、ダストボウルにともなう一連の調査研究によって、土壌は、微生物、昆虫、水分、天候、そして人間の耕作のはざまで微妙なバランスのもとに保たれている生命空間であることが広く理解されるようになった。

一方で、土壌浸食は現在にいたるまで、アメリカの外でも起こりつづけている。とりわけ乾燥地帯で農業機械化と化学肥料の多投が同時に進んだときに、ヨーロッパのみならず、アジアやアフリカの乾燥地帯などでも凶作や飢餓などの深刻な問題を引き起こすことがある。その意味で世界史的な問題となっていくのである。

『怒りのぶどう』が描いた「怪物」

この二つの災いのなかを生き抜く零細農たちを描いたのが、ジョン・スタインベック（一九〇二―六八）の小説『怒りのぶどう』（一九三九）である。災いの象徴として登場するのが、「轟々と音」をたてるディーゼルトラクターだ。スタインベックの描くトラクターはおどろおどろしい。「土埃《つちぼこ》りを捲きあげ、土埃りに鼻づらをつっこみ、まっすぐに田野をくだり、田野を横ぎり、柵《さく》をうち破り、前庭をつきぬけ、まっすぐな線を描いて涸《か》れ溝を縫《ぬ》っていくししっ鼻の怪物」

スタインベックの筆はその運転手にも容赦はない。「彼にちりよけ眼鏡をかけさせ、マスクをかけさせ――彼の心にちりよけ眼鏡をかけ、彼の言葉にマスクをかけ、彼の知覚力にちりよけ眼鏡を、彼の抗議にマスクをかけているからだ、彼には、ありのままの土地は見えぬ、ありのままの土地のにおいは嗅げぬ」。「銀行が土地を愛していないのと同じように、彼は土地を愛してはいない」。そして、とどめがこの表現である。

トラクターの背後には、キラキラ光る円盤鋤《えんばんすき》がクルクルとまわり、その刃《やいば》で大地を切りきざむ――耕すのではなく、外科手術だ、切りきざまれた土を右のほうに押しやると、たちまち第二の円盤鋤の列がそれを切りきざんで左のほうに押しやる、切りきざんでいく刃は、きざまれた土に磨かれてキラキラと輝く。そして円盤鋤の背後には、鉄の歯で梳《す》くまぐわが引かれて、小さな土くれがくだけては大地がなめらかになっていく。まぐわのうしろは長い種まき機械だ――鋳物工場で勃起した十二の彎曲《わんきょく》した鉄の陰茎、歯車によって起こされたオルガスム、規則正しく強姦し、情熱もなしに強姦を続けていく。

（以上、大橋健三郎訳）

なぜトラクターへの憎しみに満ちているのか。実は、経営効率の悪い零細農の諸土地を収用し、広い土地にならしかえ、ディーゼルトラクターの投入効果を高めようとする銀行の「囲い込み」と言うべき行為に対する、零細農たちの憤怒を表現しているのである。

トラクターが登場してから、農家の経営規模が徐々に増えて、比較的小さな農場が売られていく、という土地の集積が始まる。このトラクターの運転手も実は小作人の息子であり、「子供らにおまんまを食わせる」ために、銀行に低賃金で雇われていた。こうした土地の集積と大規模化と零細農の放逐は、時代、地域を問わず、トラクターにつきものの問題であった。アメリカはそれが銀行の金融の力によって進んで行ったが、のちに述べるようにソ連ではそれが国家権力の力によって断行されていく。

また、「強姦」という比喩も強烈である。つまり、トラクターの耕耘は土壌の反応に関係なく強引に耕す、「愛」のない他者不在の行為だとスタインベックの目には映るわけだ。機械に対する疎外感は、古今東西いろいろな書物に描かれてきたのだが、スタインベックの描写は、そのなかでもとりわけ異彩を放っている。

第3章　革命と戦争の牽引――ソ独英での展開

1　レーニンの空想、スターリンの実行

アメリカからロシアへ

アメリカで誕生したトラクターは、世界各地に広がっていく。

3-1のとおり、一九二九年にはカナダ、ソ連、アルゼンチン、イギリス領アフリカ、ドイツ、フランス領アフリカの順だったのが、世界恐慌を経て翌年にはソ連が二倍近くに膨れあがり、カナダ、アルゼンチン、オーストラリア、フランス、イタリアと続く。全輪出量も五万四三五三台から四万四七六四台に減少しているにもかかわらず、ソ連が急増したのは社会主義国であるため世界恐慌の煽りを受けなかったからであろう。こうして、アメリカに象徴される資本主義社会に真っ向から挑戦したソ連にも、トラクターが普及していく。

ただし、アメリカとは位置づけが大きく異なる。

アメリカでも第一次世界大戦期の計画経済的状況がフォードソンの普及を助けたとはいえ、戦後は各農家の競争と革新のなかでトラクターが根付いて行った。それに対し、冷戦期のトラクター保有台数で二番手につけることになるソ連では、基本的に国家主導でフォードソンが導入されたからだ。

アメリカがソ連を承認する一四年も前、すなわち一九一九年にロシア・ソヴィエト連邦社会主義共和国はフォードソンと契約を結び、ロシアはフォードの大口の顧客となっていた。小型のフォードソンが他の機種に比べて安く、また国産化するさいにフォードソンは他機種のトラクターの四分の一と、製作費用が安かったからである。ソ連政府がフォードソン以外の馬力の大きなトラクターの導入を打ち出したのは、一九二九年以降であったという。とすると、トラクターからみれば、ソ連政府の農業集団化政策は、アメリカのフォードソンの衝撃、つまりトラクターの量産体制の成立の只中で遂行されたことになる。

一九一七年一一月七日（露暦一〇月二五日）、ロシア社会民主労働党の多数派ボリシェヴィキは、同年四月にドイツの封印列車に乗りスイスからロシアに帰ってきていたレーニンの指導のもと革命を起こして、二月に打ち立てられた臨時政府を倒し、ロシア・ソヴィエト連邦社会主義共和国を設立した。ロシアで、労働者階級を核とする社会主義国家を建設するという壮大な実験が始まった。

ロシア革命は、多くの国々の労働者や労働運動の担い手に希望を与えた。レーニンの死後、

3-1　アメリカ製トラクターの各国別輸出台数

国	1928	1929	1930
ベルギー	259	244	163
デンマーク	290	285	359
フランス	1,289	1,165	1,260
ドイツ	3,046	2,090	362
イタリア	2,001	1,277	1,199
ソ連（ウラル以西）	4,606	11,364	20,447
スペイン	370	300	207
スウェーデン	199	290	278
イギリス	1,592	874	865
その他の欧州諸国	2,845	2,198	717
カナダ	20,983	16,013	9,188
メキシコ	518	432	685
キューバ	86	78	31
アルゼンチン	4,846	8,705	4,508
ブラジル	233	226	99
チリ	110	85	77
ウルグアイ	319	195	244
その他の南米諸国	139	179	100
オーストラリア	4,409	1,532	1,593
ニュージーランド	320	644	414
イギリス領アフリカ	1,587	2,233	303
フランス領アフリカ	1,564	2,009	698
モロッコ	382	216	125
その他の国	2,000	1,719	842
合計	53,993	54,353	44,764

出典：Jasny, *Der Schlepper in der Landwirtschaft*, S. 122.

スターリンが事実上の独裁者となってから、富農《クラーク》を階級として「絶滅」し、それによって抑圧されていた農民たちを集団農場へと組織化していくという政策も、日本を含め多くの農業関係者に夢を与えた。

社会主義のシンボルへ

その農業集団化のシンボルは、やはりトラクターであった。

それはたとえば、映画に典型的に現れる。たしかに、土煙をあげて耕地を邁進《まいしん》するトラクターは、銀幕に映《は》える。一九二九年の『全線』（公開直前に『古きものと新しきもの』に改題）は、『戦艦ポチョムキン』（一九二五）で名を馳せたセルゲイ・エイゼンシュテイン（一八九八―一九四八）が監督をした映画だが、トラクターが重要な演出効果を果たしている。

分割相続で土地が狭くなり、元気のなくなった村もロシア革命のおかげで復活を遂げる。遠心分離機の導入で、牛乳から大量にバターを生産でき、トラクターの導入で広い農地を耕せるようになったのだ。トラクター運転手が乗った何台ものトラクターが幾何学模様を描きながら土煙をあげ、広い耕地を縦横無尽に疾走するシーンでこの映画は終わる。

スタインベックの『怒りのぶどう』と同じ素材を同じ視点から扱っていながら、エイゼンシュテインはあくまでポジティヴにトラクターを登場させる。素人農民の表情のクローズアップやモンタージュの技法は『戦艦ポチョムキン』でも使用されているものだが、それよりもかなりプロパガンダ色が強い。『全線』では、トラクターはソ連の未来を保証する魅力的な機械として描かれている。そのイメージは、戦争中まで続く。

一九四三年のフリードリヒ・エルムレル（一八九八―一九六七）監督の映画『彼女は祖国を護る』では、良妻賢母の女性トラクター運転手が、ドイツ軍との戦争で夫も子どもも失った怒りからゲリラ部隊を組織し、みずから戦車を操り、敵を撃破していく映画である。ソ連の女性トラクター運転手について調べた余敏玲によれば、一九四二年から四三年にかけては、トラクター運転手のうち半分以上が女性であった（『形塑「新人」』）。

資本主義社会には男女差別意識が前提にあると批判し、女性の解放を謳ったソ連にとって、女性トラクター運転手は格好の宣伝材料であった。プラスコーヴィア・ニキーチシナ・アンゲリーナ（一九一三-五九）は、一九二九年にソ連で初めて女性トラクター運転手になったが（3-2）、一九三三年には村民の反対を押し切って女性だけのトラクター隊を設立して、「一〇万の女性の友をトラクターへ！」というアピールに署名し、ソ連の機械化農業と女性解放のシンボルとなっていた。そういった背景のもとに、農業機械化農場が優れていることを打ち出した映画である。トラクターは、共産主義のシンボルでもあった。

けれども、奥田央を始めとするソ連農業史の重厚な研究蓄積が明らかにしているように、ソ連の農村下で進行していた集団化は、そのような夢に溢れたものではなかった。「第二農奴制」という当時の批判のように、強圧的で暴力的な農民の支配であり、農村の「過剰人口」の工業労働者への強制的な転化の手段でもあり、穀物の都市への強制的な徴発の道具でもあった。穀物徴発を大きな原因の一つとする大飢饉までも発生している。

3-2　トラクターに乗るアンゲリーナ

このソ連の悲劇は、トラクターの歴史からも垣間見ることができる。

集団化の理論的前提

ソ連の農業集団化の理論はその系譜を遡《さかのぼ》っていくと、ドイツのマルクス主義者、カール・カウツキー（一八五四－一九三八）に行き当たる。

カウツキーは、ドイツ社会民主党および第二インターナショナルの代表的理論家である。一八九九年に彼は『農業問題——近代的農業の諸傾向の概観と社会民主党の農業政策』を発表した。トラクター誕生から七年後とはいえ、この本に登場するのはトラクターではなく蒸気犂である。カウツキーが、カール・マルクス（一八一八－八三）の理論に依拠しつつ、大規模経営の小規模経営に対する優位を説き、その理由として化学肥料とともに大型機械を挙げたのは、まさに蒸気機関による農業機械化が進行していた時期だったからだ。

大型機械は、大規模で、整理された耕地ほど労力を節約でき、威力を発揮する。一方で、小規模経営では、単位面積あたりの機械費用が大規模経営よりも多い。ゆえに、農業機械化は、農村の階層分解、つまり中小農の没落とプロレタリア化をもたらし農村は大規模経営と農業労働者群に二極化していく、というのがカウツキーの理論である。彼は、この傾向を避けるべきものではなく歴史的必然だととらえ、集中的な管理を通じて巨大経営を合理的に運営し、機械化農業のメリットを生かしていくことに期待を抱いている。

当時、農業の機械化は難しく、企業的な大規模経営よりも家族労働力を中心とする小規模経営のほうが農業という産業にはふさわしいと評価していた社会民主党右派のエードゥアルト・ダーフィット（一八六三―一九三六）がカウツキーに論戦を挑んだが、これと同様の論争はロシアでも、大規模経営を推進するレーニン一派と小農経営を軸に据えようとするネオ・ナロードニキ派のあいだで繰り広げられる。その意味でも、ソ連や他の社会主義国で進行する農業集団化の源流となる理論であった。まだトラクターが登場していない段階での理論であるが、農業機械をトラクターと置き換えても変更する余地がほとんどない。

カウツキーの農業論はロシアでも熱心に読まれたが、そのなかでもレーニンはカウツキーを高く買っていた。レーニンも、農村はできるだけ早く資本主義の洗礼を受けるべきだと考えていた。ゆえに、レーニンは、ダーフィットらの農業の特殊性を強調し機械導入に躊躇《ちゅうちょ》を表明する論をブルジョワ的だと批判し、カウツキーの理論を擁護した。一八九九年に発表された「農業における資本主義」という論文でも、レーニンはカウツキーを全面的に擁護している。彼は、ドイツの大規模農業経営での蒸気犂と蒸気脱穀機の増加の意義を繰り返し説いている。

『一〇万台のトラクター』（一九七〇）でソ連でのトラクターの展開を描いたR・F・ミラーによると、レーニンは「農業の機械に関しても、その社会化のパワーの期待によって強く魅了されていた」。レーニンは、蒸気犂に代表される農業機械を、ロシアの農民の社会経済的発展の鍵とみなすだけでなく、機械の共同利用について、つまり、資本主義廃止後の社会主義化のなかで機械の重要性を認識していたのである。

ちなみに、カウツキーは一八五四年、フォードは一八六三年生まれだから、九歳違いである。農村での蒸気機関の働きに心を奪われ世界を変えた人間という意味では、一八七〇年生まれのレーニンは、カウツキーとフォードの系譜に連なると言えるだろう。

レーニンにとってのトラクター

さて、レーニンは、一九〇五年一月に血の日曜日事件が起こると、ますます農民を革命の重要な要素としてみなすようになる。農民たちが予想外に現存の権力に対して抵抗を見せたからだ。他のマルクス主義者が、都市プロレタリアが率いる革命の補助者として農民を見ていたのに対し、レーニンは、農民こそ革命の主体になりうると考えた。

さらに、レーニンはアメリカの農業機械化にも強い関心を抱いていた。一九一三年一〇月に『アメリカ合州国における資本主義と農業』という小冊子を著し、そこでカウツキーの理論を実際のデータを用いて実証した。

こうした調査研究を通じ、農民層分解の進行を歴史的必然と見て、農業機械の導入を協同組合の展開の鍵とみたレーニンが、一九一九年三月に開催された第八回党大会の演説でこう述べたのも自然の流れといえよう。

もし明日われわれが一〇万台の第一級のトラクターを供給し、トラクターに燃料と運転手を与えることができるならば、これは現段階ではまぎれもない空想であることはご承知の通りだが、中規模農家はこういうだろう。「わたしは共産主義に賛成する」と。
（*One Hundred Thousand Tractors*. 傍点は引用者）

ちょうど、ロシア革命直後の赤軍と白軍の内戦の激化のなかで戦時共産主義が導入され、農民から全余剰作物が徴発されているときである。農業が混乱状態に陥るなか、レーニンがこのように述べることはたしかに「空想」だろう。けれども、レーニンのこの「空想」は、のちの農業集団化の過程のなかでたびたび言及され現実となる。

農業集団化へ――コルホーズとソフホーズ

レーニンの死後、葬儀を取り仕切ったスターリンは、レーニンよりも農民に同情的ではなかった。彼がやりたかったのは、農業の機械化よりはむしろ農業の工業化であり、重化学工業の発展のための過剰労働人口の都市への集中であり、さらにいえば、農民たちの自発的な集団化よりはむしろ農民の中央への従属であった。

農業集団化は、ロシア革命の直後にみられたが市場原理を部分的に取り入れることで農民たちの生産意欲を刺激し生産高を上昇させる試み、いわゆる新経済政策（ネップ）の導入によって、いったん後景に退いていた。ところが、一九二七年一二月の第一五回党大会での農業集団化宣言を皮切りに、当局の暴力をも辞さない圧力によって、農業集団化路線は復活する。奥田央『コルホーズの成立過程』（一九九〇）によると、農村にやってくる活動家は、農民たちにコルホーズに加入するよう脅すため銃を持って武装することもあったという。

集団化は、コルホーズとソフホーズという二大形態のもとで進められていく。コルホーズとは、農村共同体を単位として農民たちの自発的な参加に基づいて共同経営を行なう団体、ソフホーズとは国営農場のことである。コルホーズの場合は、コルホーズ総会によって採択される定款に基づいて運営された一方で、ソフホーズは国家組織であり、賃金労働者が雇われて運営されていた。割合としてはコルホーズのほうが高く、ソフホーズは、戦後ニキータ・フルシチョフ（一八九四－一九七一）が指導者になるまで二次的な役割に甘んじていた。こうしたソ連の農業集団化は一九三二年には基本的に完了した。

一〇万台のトラクターをソ連にもたらすというレーニンの「空想」は、スターリンの農業集団化によって実現した。しかし、トラクターを中心とする農業の集団化によって、農民たちが共産主義を支持するようになったかどうかは別の問題である。むしろ、トラクターは農業集団化の矛盾を目撃することになるのだ。

その主要な舞台こそ、つぎでみるように、ＭＴＳ（機械トラクターステーション）という農業機械の共同利用を目的とする全国的組織の発展であった。

混乱のウクライナのなかで

以下、高尾千津子の『ソ連農業集団化の原点——ソヴィエト体制とアメリカユダヤ人』（二〇〇六）の研究を中心にいくつかの先行研究によりながら、ソ連でのトラクター導入とMTSの発展過程についてみていきたい。

ロシアにトラクターが初めて輸入されたのは帝政末期の一九〇八年である。一九一三年にはロシア全土でその数はわずかに一六五台にすぎなかった。第一次世界大戦中、軍事目的で数百台の履帯トラクターが輸入され、ソヴィエト政府は戦後これらのトラクターの農業への転用を図った。一九二二年春、当時ソヴィエトが所有する多機種の軍用トラクターが総動員され、ロシア各地で国営トラクター隊の実験も行なわれたが老朽化しており、失敗に終わったという。

一九二二年一二月三〇日、ロシア連邦共和国、ウクライナ社会主義ソヴィエト共和国、ベロルシア社会主義ソヴィエト共和国、ザカフカース連邦が平等の立場で連邦に加わり、ソヴィエト社会主義連邦共和国（ソ連）が建国される。ネップのもとで徐々に生産力が回復していくなかで、農業の機械化も少しずつ進み始めていく。

ロシアにトラクターが本格的に導入されたのは、一九二三年以降、主な舞台はウクライナである。導入したのは、ジョイント、正式にはアメリカユダヤ人合同分配委員会という組織だ。帝政ロシアからソ連の成立にかけて、ユダヤ人は窮地に立たされていた。一九一五年に帝政ロシアは前線地域からのユダヤ人追放令を出し、さらには、ロシア革命後はユダヤ人の陰謀であるというデマを白軍が流したことでポグロム（ユダヤ人の集団殺戮）が吹き荒れ、戦時共産主義期には大飢饉に陥り、一六年の段階では三万九〇二五人いたユダヤ人が、二二年には二万九六一二人に減少した。ジョイントは、こうした同胞の惨状を救うべく立ち上がる。

パレスチナへの「帰還」を目指すシオニズムとは一線を画し、豊富な資金源を元手にロシアのユダヤ人たちの救済にあたった。その援助の一つとして、一九世紀初頭に都市での迫害から逃れたユダヤ人たちが入植したウクライナのクリミア半島部農村の困窮を救うために投じられたのが、トラクターであった。

このジョイントの事業を担ったのはジョゼフ・ローゼン（一八七七―一九四九）である。モスクワ生まれのユダヤ人で、モスクワからの追放、ラトヴィアのリーガでの逮捕、シベリアへの流刑とそこからの脱出を経て、ドイツのハイデルベルク大学で学び、一九〇三年六月に渡米する。一九〇五年にミシガン農業大学に入学し、在学中、アメリカ式農法をロシアへ導入するための現地研究をする「農業局」設置を提唱した。トウモロコシの導入は失敗に終わったが、ジョイントによるソ連農業の機械化に貢献する。ソヴィエト体制とアメリカユダヤ人とを結ぶパイプとして、大きな役割を果たした人物である。

ローゼンが活躍する舞台となるウクライナは、混乱を極めていた。とりわけ一九一七年のロシア二月革命以後、ウクライナの歴史は、ドイツ、ロシア、ポーランドのはざまでウクライナ民族の自立を求める歴史であった。

二月革命後ウクライナ中央ラーダ（評議会）が結成され、臨時政府と戦闘状態になり、一〇月革命後はボリシェヴィキと組んで臨時政府に勝利し、ウクライナ人民共和国を設立した。しかしその後、ソヴィエト軍の占領を経て、ブレスト＝リトフスク条約後には独墺軍に占領されると、今度は穀物の強制徴発を断行する独墺軍に対し、ネストル・マフノ（一八八八―一九三四）率いる農民軍が反乱を起こす。

結局、第一次世界大戦末期に独墺軍が撤退し、内戦を経てソヴィエト政権が誕生した。だが、ソヴィエト政権も土地の国有化と穀物強制徴発を続け、再びマフノら農民が反乱を起こしたがソヴィエト政権に鎮圧される。他方、西ウクライナでは、オーストリア＝ハンガリー二重君主国の解体にともない、独立の気運を高めたガリツィアのウクライナ人とポーランドとの戦闘もあった。

ユダヤ人入植地のウォーター・ボーイ

このような度重なる戦乱と穀物徴発のなかで、ウクライナは、一九二〇年から二一年にかけて飢饉に陥った。「アメリカ救援局」がソヴィエト政府と交渉し、ウクライナの救援を申し出たのはウクライナの混乱の最中であった。

一九二二年の夏、ローゼンは、ウクライナのユダヤ人入植地を訪問し、黒土地帯のあまりにもひどい疲弊にショックを受ける。「大量の雨が降ったあとも、シバムギの生えた土地は耕起するのがむずかしく、除草はなおさらむずかしい。このような状況下ではトラクターだけが唯一の解決法だった」(『ソ連農業集団化の原点』)。

ローゼンは、ディア&カンパニー社に車輪型のウォータールー・ボーイ(一二馬力)を八一台、クレヴランド・トラクター社の無限軌道トラクターのクレトラック(九馬力)五台を発注した。一九二二年一一月から一二月にかけてニューヨークを出港したこれらのトラクターは、翌年ソヴィエトに上陸する。ソヴィエト体制成立以後初めての大規模なトラクターの輸入である。

ウォータールー・ボーイは、第2章で述べたように、ジョン・フローリッチが世界で初めて発明したトラクターの系譜にあたる。このトラクターは、三連式の犂を牽引できるので大規模な耕地に適していた。ローゼンがフォードソンを輸入しなかったのは、馬力が少ないことと、二連の犂しか使えないことと、それにくわえ、フォードが反ユダヤ主義者であったことも関係していたと言われる(前掲書)。

ローゼンが導入した八六台のうち、四台はウクライナ政府に移譲され、七台が各地に分散配分され、七五台が南ウクライナで用いられた。南ウクライナでは、これらを基盤として七つのトラクター隊が組織された。トラクター隊はそれぞれが監督のもとに置かれ、簡易移動式修理所もしくは修理工場を持ち、耕作作業は個人ではなく、協同組合を通じてなされるというソ連初の実験を遂行したのである。

協同組合的利用の評価と挫折

また、トラクターだけでなく、ローゼンは、ジョイント・ニューヨーク支部に米国籍トラクター運転手七名の派遣を要請する。

欧米のように、段階を踏んで機械化が進んだわけではなく、そもそも馬さえ十分に行きわたっていなかったロシアでは、農業機械の使用に不慣れであるばかりか、迷信も根深い。運転手や修理を含む「パッケージ」として農業技術体系を移転しないかぎり、トラクターだけでは援助の意味をなさない。おそらく、このことをローゼンは知っていたのであろう。トラクター製造元であるアメリカのディア&カンパニー社からも、トラクター整備要員が一九二三年二月に派遣された。

こうしたジョイントのウクライナでの事業展開は、モスクワの中枢でも注目を集めていた。一九二三年六月二日付の『イズヴェスチヤ』紙では、協同組合を通してのみトラクターを貸与するジョイントの方式が新たな協同組合結成を促し、農業の協同化の刺激剤となっていることがソ連国家計画委員会（ゴスプラン）の会議で話題になったと報じられた。ゴスプランとは、生産計画の決定をする国家組織である。そこで一九二三年という早い段階でジョイントの試みが取り上げられていたのは注目に値する。

また、一九二三年九月、ソ連中央執行委員会議長ミハエル・カリーニン（一八七五－一九四六）は、ソ連の飢餓地域の援助に尽力し、ウクライナにトラクターをもたらして大規模な耕作方法を試みたことに対し、ローゼンに感謝状を送っている。一九二四年七月には、ローゼンを長とする「アメリカユダヤ人合同農業法人（アグロジョイント）」が設立される。トラクターなどのソヴィエト現地資産は、アグロジョイントが所有することになった。アメリカ大統領のハーバート・クラーク・フーヴァー（一八七四－一九六四）も賞賛したように、ローゼンのソ連での試みは、アメリカ、ソ連どちらの立場からも評価されるべきトラクターの実験であったわけである。

アグロジョイントの試みは、共産党の影響力を弱めるとして警戒されたが、農学者たちの支持もあって、次第に各方面へと移転されていくようになる。一九二四年一〇月には、ロシア共和国南東部、すなわちサラトフ、サマラ、スターリングラード、ヴォロネジ、ドイツ人自治共和国、北カフカースで、五〇〇台のフォードソンを導入した初めての大規模なトラクター事業の組織化が試みられた。

このトラクター計画は「トラクター・カンパニア」と称された。指導者、修理、部品、燃料などの支援を含むこの計画は、しかし破綻する。農民の新技術に対する無理解、技術者の数と知識の圧倒的不足、部品の欠乏、作業現場から燃料倉庫までの距離の長さなどが、トラクター・カンパニア普及の障害となった。にもかかわらず、ソ連政府は一九二五年にトラクターの輸入を一気に増やしたため、現場に混乱をもたらす。しかも、多くのトラクターは故障していたり、老朽化していたりした。そんな混乱のなか、ソ連の中枢は、ウクライナのあるソフホーズのトラクター隊の試みに目をつける。

MTSの登場

一九二七年一二月の党大会で、スターリンは、シェフチェンコ・ソフホーズのトラクター隊を賞賛する。「トラクター隊のおかげで富農《クラーク》のくびきから脱し、さらに小規模経営をやめて共同経営を組織するに至った」という貧農の手紙を読み上げ、共産党の任務として、今後、トラクターを通じた機械化農業の推進と農業の大規模化を提示する。

これがきっかけとなって、一九二八年の春、農業機械の共同利用を目的とする組織を、「機械トラクターステーション」（MTS）と呼ぶことが決められた。ちなみにシェフチェンコ・ソフホーズの名称は、一九世紀前半に活躍したウクライナの詩人で画家のタラス・シェフチェンコ（一八一四-六一）から採られたもので、このソフホーズの創始者はマルケーヴィチという農学者であった。

マルケーヴィチは、一つのステーションに二〇〇台のトラクターを設置し、それで四万から五万ヘクタールを耕すことができる、というパンフレットを作成し、広範囲に配布した。マルケーヴィチは、農家や村のトラクターの所有を禁止し、それを農村の外に一元化させる「エネルギー基地」としてMTSをみなしていた。

だが、このソ連農業の中核となるMTSがアメリカ由来であることは、ソ連共産党にとって好ましい事実ではない。カウツキーやレーニンの著作でも論じられていない。そこで、党は、このシェフチェンコ・ソフホーズの試みをMTSの起源としたと推測される。

MTSは、運転手つきのトラクターの提供、農業機械の修理などのサービスを貨幣と引き換えに受けるという契約を共同体やコルホーズと結ぶもので、その基本的な性格はまさにローゼンたちの試みたトラクター隊と同じであった。

しかし、MTSは、政治的に農業と農民を管理する手段に変質していく。当初、MTSの機械はコルホーズに払い下げる予定であったが、一九三二年末頃からMTSは国家の派出機関に変貌を遂げる。一九三三年には、農村の飢饉のなかでMTSに政治部が置かれ、コルホーズの統制と農民の監視の役割をも担うようになる。また、コルホーズはこれまで機械サービスの見返りに金銭を支払っていたが、この年から穀物での支払いになり、それは国家による中央集権的な穀物徴発にMTSも加わっていくことを意味する。

MTSは、クリミアにあったトラクター隊の試みとかなり異なるものに変質し、ローゼンのトラクター隊を支持した農学者たちはスターリンに抹殺され、ローゼン自身も次第に権力の中枢から疎んじられていく。

一九四一年六月から始まった独ソ戦の過程で、ナチス・ドイツの軍隊はクリミアのユダヤ人入植地を破壊した。こうして、MTSの故郷は喪失し、MTSだけがソ連の組織として残りつづけるのである。

2　「鉄の馬」の革命――ソ連の農民たちの敵意

四分の三は故障している

スターリン体制下の農村で、トラクターの存在感は政府の望んだほど大きくはなかった。

一つは故障したトラクターが放置されていたことである。MTSの技師がカバーする範囲が広すぎて、修理が追いつかなかったからだ。高尾は、クリミアで強制的にMTSのサービス範囲に組み込まれた入植地では、MTSのトラクター隊が保有するフォードソンのうち四分の三が故障していたと告発する史料を挙げている。「もはや動かない」トラクターは、MTSの限界を示していると言えるだろう。一九二九年夏の全面的集団化地区の状況を分析した公式文書にも、つぎのように述べられている。

ここ二年間でトラクターの数量が増えたにもかかわらず、農業に用いるエネルギーのうち、トラクターの占める割合は急激に落ちた。コルホーズの耕作のうち、三分の二は馬と去勢雄牛が担っている。だから、トラクターが完全に普及しなくても全面的集団化は可能である。実際に、多くの地区でトラクターなしで全面的集団化を始めている、と。

また、同じ文書には「トラクターなどをやるといった約束が濫発されているために」「農民は家畜を売り飛ばし、馬を濫殺している」という報告もある（『コルホーズの成立過程』）。つまり、MTSが設置されたにもかかわらず、トラクターは足りない。トラクターが来ると約束されているために、馬や牛が屠殺されているが、それが時期尚早となることもあったわけである。

購買予約金と追放

「まだ来ぬトラクター」の存在感は、奥田央の『ヴォルガの革命――スターリン統治下の農村』（一九九六）のなかでも詳細に描かれている。それは「トラクター購買予約金」についてである。コルホーズはトラクターを使用するために、構成員でお金を出しあってトラクターを購入しなくてはならない。このトラクター購入予約金は、当然、党への忠誠を図る物差しとなる。

農民たちは、こう反発したという。「農民には金はない。それなのに権力は要求している。これは強制だ」。「われわれにはコルホーズもトラクターも必要ない。共産党員は追い出されなければならない。イギリスやアメリカには共産党員はいない。そこでの生活はよい」。予定どおり農村に届くかもわからぬトラクターを農民たちは無理やり買わされたが、このトラクターは結局コルホーズに移譲されるのではなく、MTSが独占することになる。

では、そのトラクターとは何か。奥田の史料によると、それは、アメリカ製の「フォード・サン」、すなわちフォードソンと、ソ連製の「赤いプチロヴェツ」であったという。これらのトラクターは、キャンペーンの超過達成のために、額が恣意的にひきあげられた。ちなみに、プチロヴェツとは、当時のレニングラード（現ペテルブルク）から東へ二〇〇キロメートルほど離れ、トラクター工場が存在した街の名前である。「赤いプチロヴェツ」は、この「プチロヴェツ・トラクター工場」で生産されたものと推測される。ロシア経済の研究者である栖原学《すはらまなぶ》によれば、一九二六年から二七年にかけて年間七〇〇台のトラクターを生産していたが、三一年には数万台を生産していたという。

奥田はさらに、このトラクター購買予約金と富農《クラーク》の階級としての絶滅との関係を分析している。トラクター購買予約金を払えなかった農民を家族ともども追放して、家畜と農具を没収したというヴォルガの中流域農村での事例などを挙げながら、ソ連政府は、富農だけでなく、権力に従わない農民を「クラーク」とレッテルを貼り、迫害を加えていたことを指摘している。

アメリカでも、隣人が所有するトラクターが、自分の農場のトラクターの不在を際立たせる事例があったことを述べたが、ソ連の場合は、そのトラクターの不在はより政治的に、より暴力的に農民たちに縛りをかけたのである。

「畑で動けない大群」

ロシアの農村は、場所によって偏りがあるとはいえ、尖った鉄をつけただけの木製の犂を牛に牽かせることも、祈禱師が病気の治癒にあたることも、結婚に際して占いに頼ることも、珍しくなかった。農民たちは、資本主義が成熟しないまま到来した革命によって農業技術の文字どおりの飛躍的進歩を経験した。

さらに、家族成員の増減に応じてくじ引きで土地を割り変えする農村共同体のシステムが、強力な外からの権力によって崩壊した。そんな経験をした多くのロシアの農民たちにとって、トラクターもまた、まさに異世界からやってきた未知のものであった。

一九八四年にフランスで刊行されたニコラス・ワースの研究書『ロシア農民生活誌』には、ソ連でのトラクターとの「ファーストコンタクト」について民俗学的な視点からさまざまな興味深い事例が載っている。ここでは四点ほど挙げてみたい。

第一に、やはり、トラクターの故障の多さである。

モスクワ県のある村では、トラクターが最寄りの駅にやってきたとき、物珍しさに農民たちが駆けつけてきた。だが、共産党の技師がトラクターに乗り込み、ある程度進めたところでぴたりと動かなくなった。修理して、翌日運転してみると、ある程度働いた後また故障。結局、馬でトラクターを牽いて納屋にしまった。農民たちは「馬につないだほうがいいんじゃないか」と首をかしげる。

一九二九年のアンケートでは、コルホーズのトラクターのうち三分の二が故障していたという。「畑で動けないトラクターの大群」を修理するにも、トラクター隊のメンバーは機械の知識がない人間も多かった、という。

「反キリスト」

第二に、トラクターが正教の世界観と衝突し、司祭たちから呪われた「反キリスト」と恐れられたことである。

「反キリスト」とは、ヨハネの書に書かれた、世界の終末に現れるとされる「キリストの名とその権威を奪うもの」にほかならない。「司祭たちは、コルホーズに反対するあらゆる種類の噂をふりまき、一九三〇年頃にカオスと世界の終わりを予言し」、トラクターが「反キリストが乗って来る鉄の馬」だと言う。反キリストが乗っている「鉄の馬」は農村の風習を破壊し、飢饉をもたらすと煽動したのだ。

若干の村では、最初のトラクターが到着した時に、老人たちは――司祭が先頭に立って――必ず予言をしたが、それは「反キリストが鉄の馬に乗って地上に下りたにちがいない」というものであった。司祭の教唆《きょうさ》のもとに多数の農民が、次のような流行の歌を歌いながら行列を作ってねり歩いた。「トラクターは深く耕す、土地は乾く、やがてコルホーズ員は皆飢え死にする。」トラクターは土壌に毒をまき散らすと批難された。進歩に対してもっとも開かれた村人でさえ、隣のコルホーズのトラクターを利用することは受け入れたが、次のようにはっきり言っていた。「耕作は、排気管が空の方を向いているインターナショナル印のトラクターで実施されなければならず、排気管が地面の方に向いているフォードソンのトラクターでなされてはならない。」（荒田洋訳）

迷信のなかに、深く耕しすぎると水分が奪われるという経験に基づく論理的な実践知が顔を覗《のぞ》かせていることが重要である。心土部分まで深掘りすると、水分の少ない土が混ざってしまい、また空気に触れると乾燥してしまうのである。また、馬や牛が出すことのなかった「排気ガス」が忌《い》み嫌われた事例は他にもある。

非常に多数の村では、トラクターの出現があからさまな敵意、さらには真に集団的パニックを引き起こした。年寄りは男も女も、トラクターの「排気」は土地と収穫を台無しにすると主張した。司祭は「悪魔の発明」に反対する行列を指導し、女たちはトラクターに石を投げたり、「機械化された集団農業への移行を望む進歩的農民の援助にやって来た」コルホーズから派遣されたトラクター運転手の班の通行を妨害したりした。（前掲書）

集団化という抽象的な机上の改革が押し寄せるなかで、農民たちが触知できる集団化のシンボルがトラクターであった。

トラクターは、「悪魔の発明」であり、反キリストの乗った鉄の馬である、という司祭たちの説教は、単に共産主義に対する宗教界の嫌悪感だけでなく、農民たちのトラクターに対する恐れにぴったりと寄り添っていたのである。

単なる機械を超えた存在に

第三に、農業機械が「トーテム」とみなされたことである。トーテムとは、ある血縁集団と特別な関係を持つ石や木などの自然物のことである。

これは集団化より前の話であるが、ロシア革命後、マルクス主義を捨て、その批判者に転じたため、レーニンの政府によって国外追放にあったニコライ・ベルジャーエフ（一八七四—一九四八）はこう述べている。農民たちは、いまや、神のかわりに機械を信じている、トーテムのように機械を扱っている、と述べた、と（*One Hundred Thousand Tractors*）。

革命後のロシアでは農業機械もトーテムになった、という指摘は興味深い。アメリカでもそうだったように、トラクターはしばしば、単なる機械を超えた精神性や宗教性を帯びたのである。

第四に、トラクターが、中央権力の象徴としてとらえられたことである。ウクライナのある村では集団化が沈黙のまま決まってしまい、トラクターが到着すると、一群の女性が道をふさぎ、周りの者とともに、「ソヴィエト政府は農奴制にもどりつつある！」と叫んだ、という（『悲しみの収穫』）。

トラクターはそれだけでは農業集団化を担うことができない。運転手と修理工がいなくては動かない鉄の塊にすぎない。けれども、その鉄の塊は、集団化の道具として時代の先へ農民を連れて行くか、あるいは逆に、災いとして農奴制の時代に農民を連れ戻す。いずれにせよ、強烈な存在感を持った鉄の塊であった。

3　フォルクストラクター――ナチス・ドイツの構想

ランツの「ブルドッグ」

ヨーロッパ諸国はアメリカやソ連よりもトラクターの普及の規模が小さかった。アメリカのほうが農地面積が格段に広いこと、そして、戦争で経済が打撃を受けたことが理由と考えられよう。ドイツもその例外ではなかった。

ドイツ製のトラクターが初めて公の眼にさらされたのは、一九〇七年である。このトラクターは、ドイツ・ガソリンモーター製作所によって開発された。農学者のクラウス・ヘルマンは、このトラクターについて、ドイツ・トラクター史を企業ごとに記した著書『ドイツのトラクター——一九〇七年から現在まで』のなかで、つぎのように述べている。

ドイツ・自動犂は、この年〔一九〇七年〕にデュッセルドルフで開かれたDLG〔ドイツ農業協会〕の展覧会で、訪れた人の目を驚かせた。というのも、人々のほとんどは、犂とハローを畑地のうえで牽くとともに、屋敷内ではベルト車の上方に脱穀機と藁刻み機を作動させることもできる農業用トラクター——二五馬力のエンジンを動力とする——を初めて目にしたのだった。

ドイツ・ガソリンモーター製作所は、同じ年に、四〇馬力のガソリンエンジンを搭載した「ドイツ・犂駆動車 Deutzer Pfluglokomotiv」も発表する。しかし、この製作所は、これ以降一九二一年まで、トラクター開発を断念してしまう。ヘルマンによれば、ドイツ農民が依然として機械化に消極的だったからである。アメリカの農民よりも消極的なドイツ農民の態度は、第二次世界大戦が終わるまで基本的につづくが、これはトラクターの普及推進者たちの悩みの種であった。消極性の理由についてはあとで述べたい。

なお、このドイツ・ガソリンモーター製作所は、のちの話になるが第二次世界大戦中に燃料不足のドイツにとって救いとなる「木材乾留ガス」（木材を空気遮断状態で加熱分解したさいに摂取したガス）を使用したトラクターを開発し、ナチスを支えることになる。

さて、ドイツ製トラクターでもっとも成功したのは、ドイツ有数の工業都市マンハイムにあるランツ社であった。ランツ社は、ハインリッヒ・ランツ（一八三八―一九〇五）によって一八五九年に設立された歴史のある農機具メーカーである。ハインリッヒ・ランツは、実は、一九〇二年アメリカにわたってディア&カンパニー社の工場の視察をし、同世代の社長のチャールズ・ディア（一八三七―一九〇七）と多くを語りあったという。それ以降、二つの会社は大西洋を越えて連携し、トラクターの生産を進めて行く（一九五六年にはランツ社はディア&カンパニー社に買収される）。

一九二一年、ランツ社はブルドッグを発表する。このトラクターは、ランツの技師フリッツ・フーバー（一八八一―一九四二）によって世界で初めて開発された安価な原油で動く焼玉エンジンを搭載しており、その外観がブルドッグの顔に似ていることから、この愛称が付けられた。それゆえ、フーバーは「ブルドッグの父」と呼ばれている。

ルール占領とフォードソンの導入

ただ、ドイツの農村にトラクターが本格的に普及し始めたのは、一九二五年からであり、その主役はブルドッグではなくフォードソンだった。

第一次世界大戦後、アメリカの大資本に支えられた経済構造のなかで、ドイツが、次第に復興の兆しを見せ始めていた頃である。ウォルト・ディズニー（一九〇一―六六）のアニメや、コカ・コーラなどに混ざって、労働管理を徹底するテイラー・システムやそれを改良したフォード・システムといった合理的生産様式も流入し、工場から台所まで労働の効率化を進めていた時代、その波に乗るようにして「フォードソン」もまた大西洋を渡り、ついにドイツに上陸したのである。

この背景には、一九二三年一月一一日のフランスとベルギーによるルール地方の占領があった。炭鉱と鉄鋼でドイツ経済を支えてきたルール地方が両国に占領されたことによって、ドイツ政府は消極的抵抗を国民に呼びかける。ルール地方に外国製トラクターが流入してきたのは、この頃であった。そのなかで、もっとも優位を占めていたものこそ、フォードソンにほかならなかった。なんといっても安価だったからである。

一九二四年八月にフランス・ベルギー両軍はルールから撤退するが、この打撃から一段落した一九二五年の春、ドイツは五〇〇台以上のフォードソンの輸入を認めた。

フォードソンは、ドイツのトラクター産業も刺激する。ランツ社の「ブルドッグ」は、一九二六年から二七年にかけて、フォードソンと同様に流れ作業方式で生産されるようになる。

ブルドッグは、フォードソンより牽引力が強く、燃費がいいことが売りであった。

ドイツでは、一九二五年には五二六一台、二九年には一万五〇〇〇台、三二年から三三年にかけての経済年度では、二万三八九四台のトラクターが使用されるようになった。

ドイツのトラクター産業の技術は、一九二〇年代末にはアメリカのそれに匹敵するまで発達を遂げる。たとえば、燃料ポンプの改良と空気浄化装置のとりつけにより、ディーゼルエンジンを搭載したトラクターが使用できるようになったり、ゴムタイヤ付きトラクターが生産されるようになったりしたからである。それのみならず、二つの金属の接合部を加熱溶解して圧力を加えて結合するという「鍛接法」がトラクター製造にも用いられ、トラクターの重量軽減にも貢献した。

ただ、台数だけをみれば、同時期に一〇〇万台を超えていたアメリカのみならず、一〇万台を超えていたソ連からも大きく差をつけられていた。

環境史研究者のフランク・ユーケッターは、地域によって差があるとはいえドイツでトラクターがそれほど普及しなかった理由として、馬への愛着が強いこと、自動車に慣れていないこと、コストパフォーマンスが悪いことだけでなく、運転操作が快適ではなかったことを強調している。寒さや暑さに苦しめられ、土ぼこりや雨などを浴びながらする作業は、頭痛などをもたらし健康に悪影響を与えるため、とりわけドイツの農民には堪《こた》えたという。

専門家のあいだでは、農民の実情を無視した開発が進められているというトラクターメーカーへの非難も聞こえた。また、一九二七年が農耕馬の飼育が減少し始める転換点だが、トラクターとの入れ替えは比較的緩やかであった。あくまで印象論だが、トラクター操作の不快さへの不満は、とりわけドイツで強かったのかもしれない。

ナチ政権下での肯定と普及

一九三三年一月三〇日にヒトラーが政権を獲得したことは、トラクター開発にブレーキをかけなかった。第一次世界大戦のように飢餓が大きな原因となって敗北したというのがナチスの幹部たちの共通理解であり、ドイツ国内の農業増産政策も、ナチスの揺るがない路線であった。三月二五日のいわゆる全権委任法でみずからの政府を「国民革命の政府」と規定したヒトラーの革命もまた、トラクターと無縁ではない。

ナチスは、一九三四年一一月から生産戦という食糧増産運動、三六年九月からはソ連の計画経済を模した第二次四ヵ年計画を開始し、補助金政策を充実させ、農業機械化を進めていく。狭隘《きょうあい》な土地に適応できる小型トラクターの開発も進められた。

たとえば、テューリンゲンのライムント・ハルトヴィッヒという技師が『ドイツ農業新聞』(一九三七年九月二五日付) に掲載した広告を見てみよう (3-3)。

ぼくは、ブルマー。朝から晩まで働いても疲れることはないよ。犂、車両、刈り取り結束機の牽引機械として、ぼくは、一日**四頭の馬**よりももっとたくさんの仕事をつづけてやるんだ。それどころか、動力源としての馬の**三倍**の力を出すよ。短期納入可能です〔ゴシック体は原文のママ〕。

3-3　ブルマー

「疲れることはない」「四頭の馬よりも」「馬の三倍の力」という表現のように、役畜との違いを比較したり、耕耘、刈り取り、動力源、藁の結束などトラクターの多目的な利用法を強調したりするのは、当時のトラクター広告の定石であった。

そしてなにより、ぼく（Ich）という一人称代名詞を使用していることや、雄牛（Brummer）とエンジン音を想起させるこの「ブルマー」という名前から、農民たちが抱くトラクターへの忌避感を軽減させようとする意図を読み取ることもできよう。

ブルマーのような小型トラクターは、ドイツの小さな農村にも普及し始める。歴史研究者のクルト・ヴァーグナーの聞き取り調査によれば、一九三三年の段階で九七五人にすぎないヘッセン＝ナッサウ州のケルレ村にもトラクターがやってくる。最初に、ナチ党の地区指導者が購入したあと、つぎつぎに中規模農家が中心となって購入し始めたのである。ナチ党の組織では「地区」は、「全国」、「大管区」、「管区」のつぎ、最下層の「細胞」の上であり、地区指導者は、党と自分の存在感を村に示したいと思ったのだろう。つまり、この小さな村で、トラクターは、政治的地位のシンボルでもあった。

また、導入の過程で、若者と老人との対立もあった。老人たちは扱いに慣れている馬に固執し、未知のトラクターを「はやりのがらくた」と一蹴したが、若者たちは進歩の象徴として、トラクターの投入メリットがあまりない場合でも、競うように購入したのである。

ポルシェの「フォルクストラクター」

戦後、日本でこんな広告がみられた。

「ドイツから〈ポルシェ〉が来た！／世界の乗用車フォルクスワーゲンを作った／戦車を設計した……／ポルシェ博士が／生涯の事業として完成した／大型トラクター〈ポルシェ〉／明日の農業の主役を果たすのはこれ！／井関農機株式会社」

赤いボディのポルシェのトラクターである。上記の広告は、北海道大学にある「札幌農学校第二農場」に展示されていた。ここは、トラクターの展示が充実している。

フェルディナント・ポルシェは、オーストリア゠ハンガリー二重君主国の支配下にあったボヘミア出身の技術者である。一九二四年から「メルセデス」、二六年からは「メルセデス・ベンツ」のブランドで、高性能車とスポーツカーの設計にあたった。一九三一年秋に、シュトゥットガルトにポルシェ事務所を設置し、フォルクスワーゲンの設計にあたる。

ナチスは、フォルクスワーゲン(民衆車)のほかに、フォルクスエンプフェンガー(民衆受信機)、フォルクスキュールシュランク(冷蔵庫)、フォルクステレフォン(民衆電話)など、数々の「民衆プロダクト Volksprodukt」の大量生産を計画し、ドイツでも、アメリカのような物質文化を民衆も享受できるという未来像を人々に示そうとした。そのうち、成功したのはフォルクスエンプフェンガー、すなわち大量生産型ラジオでヒトラーの宣伝に巧みに利用された。だが、残りは、フォルクスワーゲンを含め計画どおりには進まなかった。

フォルクスワーゲンを設計したポルシェは、もう一つの重要な任務をヒトラーから与えられた。フォルクストラクター(民衆トラクター)の開発である。これはもちろん、フォードソンのドイツ版といってよい大量生産型トラクターのことである。

3-4 ポルシェと開発中のフォルクストラクター

これらの「民衆プロダクト」について研究をしたヴォルフガング・ケーニッヒは、このフォルクストラクターについても言及している。ポルシェは、フォルクスワーゲンの準備のためにアメリカに旅行したが、そのときにフォードソンを知り、「フォルクストラクター」を開発しようという気になった、という。それを実現しようとしたのが、フォルクスワーゲンプロジェクトなど、フォルクスプロダクトを取り仕切っていたローベルト・ライ（一八九〇―一九四五）であった。

ライは、労働者の仕事と余暇の組織化を目的とする、ナチ時代最大の組織ドイツ労働戦線（DAF）のリーダーである。彼は、とりわけドイツ南部に多い、家族中心の小規模経営に照準をあわせたトラクターの生産工場を、自身の生地であるヴァルトブレールに建てようとした。ヴァルトブレールは、ドイツ西部、ノルトライン＝ヴェストファーレン州の小都市であり、ライの父親は農民であった。ライは、この田舎町を一〇〇万人規模の都市に変えたいという野望を抱いていた。そのためにも、トラクター工場は必要だったのである。

ライの計画は、トラクター工場のためだけに二〇万人を雇い、年産一〇万から三〇万台、値段も九九〇万ライヒスマルク（フォルクスワーゲンとほぼ同じ値段）に抑える、という幻想に近いものであったが、結局、建設用地が買い集められたにすぎなかった（Bauer, *Porsche Schlepper*）。ライの感覚は、ソ連のトラクター工場の建設に近い感覚だったかもしれない。

フォルクストラクターの挫折

ポルシェのフォルクストラクターの開発は、ナチスの食糧自給自足政策の一環でもあった。にもかかわらず、一九三五年三月の再軍備宣言以降、都市の軍需工業が活発化し、農民の人口が都市に流れ、農業労働力の深刻な不足に悩んでいた。その解決策として、安価で小型のトラクターの量産に白羽の矢が立ったのである。しかも、その小型トラクターは、耕耘のみならず、運搬や、農機具の動力源にも使用できる、ファーモールのようなジェネラル・トラクターであることが求められた。

実際、ドイツのトラクターの台数は増え、一九三三年から三九年のあいだに三倍になった。とくに小型トラクター市場は活気を帯びる。ランツ社の一五馬力のブルドッグが、二七五〇ライヒスマルクであった。このような小型トラクターは戦争が始まる前までにおおよそ六万台あったが、ライの率いるドイツ労働戦線は、一〇〇万台の需要があると見込んで、ヴァルトブレールで二〇馬力までの小型トラクターの生産を計画していた。

しかし、ライの挫折を除外したとしても、ポルシェのフォルクストラクターの開発は成功したとは言いがたい。ポルシェはランツ社のトラクター製造技術には及ばなかったし、普及するまえに戦争が始まり、自動車産業はトラクターよりも戦車の開発にシフトしたからである。ポルシェのトラクターが活躍するのが戦後であることもフォルクスワーゲンとよく似ている。

4　二つの世界大戦下のトラクター

第一次世界大戦と戦車の開発

トラクターの歴史を語るうえで避けて通れないのが、戦争である。

トラクターはどうしても牧歌的なイメージが先行する。たとえば、デイヴィッド・リンチ監督の映画『ストレイト・ストーリー』（一九九九）はそんなイメージのうえに成り立っている。五〇〇キロメートル離れた場所に住み、心臓発作で倒れた兄に、麦わら帽子の老人が、一九六六年製のディア&カンパニー社の小型トラクターに乗って会いに行くロードムービーだ。この映画は、時速八キロという遅さがアメリカの広大な景観とマッチして観客をほのぼのとした気持ちにさせるのだが、そんなトラクターは仮の姿にほかならない。

第一次世界大戦は、一九一四年の夏に開戦した。ドイツの皇帝ヴィルヘルム二世（一八五九―一九四一）は、クリスマスまでには家に帰れると兵士に伝えたはずだった。しかし、九月にはすぐに膠着状態に陥ってしまう。西部戦線を挟んで、連合国と同盟国がお互いに塹壕《ざんごう》を掘り、英仏海峡からスイス国境にかけて八〇〇キロメートルもの長い戦線が構築されてしまう。塹壕を掘ったのは、機関銃や砲弾を始め、火力が強すぎたからであった。隠れながら少しずつ前に進むスタイルは、戦争の終わりよりも、停滞を先にもたらした。塹壕の向こうには有刺鉄線を張り巡らし、一メートル進むだけでも膨大な死者を生み出した。

　そんな状況を打開するために、いくつかの科学技術が用いられた。一つは、毒ガスである。ドイツは、窒息剤であるフォスゲンや、糜爛《びらん》剤であるマスタードガスなどの毒ガスを開発し、敵の塹壕に向けて放った。毒ガスは兵士たちの戦意を喪失させるばかりでなく、呼吸を止め、皮膚を爛《ただ》れさせた。

　戦車もその一つであった。まず、イギリス陸軍工兵中佐アーネスト・スウィントン卿（一八六八－一九五一）が開発を試みた。彼は、西部戦線で物資運搬に利用されていたアメリカのホルト社の履帯トラクターからヒントを得た。ホルト社は、すでに述べたように、キャタピラー社の前身の一つにほかならない。これを戦場用に改造したものを投入すれば、塹壕を踏み越え、湿地帯も多かった西部戦線を突破できるのではないか。スウィントンはそう考えたが失敗に終わる。代わりに戦車開発の主導権を握ったのが当時海軍大臣だったウィンストン・チャーチル（一八七四－一九六五）であった。チャーチルは、海軍航空隊の提案である空港警備のための「陸上軍艦《ランドシップ》」開発の提案を受け、一九一五年二月に陸上軍艦委員会を設立し、開発が始まった。

　幾度もの失敗を経て、イングランドのリンカーンにある農機具メーカーのウィリアム・フォスター＆カンパニー社が一〇五馬力の試作品「リトル・ウィリー」を製作する。ダイムラー社のエンジンを搭載し、農業用トラクターとそれほど変わらない車体を装甲したものであった。さらに開発が進み、最終的に、世界初の戦車マークⅠが四九台投入されたのは、一九一六年一〇月二〇日、ソンムの会戦であった。

その後、兵器産業のシュナイダー社が制作したフランスのシュナイダーCA1も、一九一七年四月一六日のシュマン・デ・ダームの戦闘で一三二台投入されている。これもホルト社のトラクターをヒントにフランス陸軍大佐のジャン・エスティエンヌ（一八六〇－一九三六）が発案したものであった。実際、シュナイダーCA1はホルト社のトラクターのシャーシをそのまま流用している。

戦時の運搬力もまた、馬からトラクターへ移行していく。第一次世界大戦後には軍事用トラクターがつぎつぎに開発される。たとえば、「セクシー」な小型トラクターを量産したアリス＝チャルマーズ社も軍事用トラクターを生産している。

コードネーム「LaS」——ドイツ再軍備計画

ヴェルサイユ条約で徴兵制とともに空軍や戦車の保持を禁止されたドイツは、秘密裏に戦車を開発する策を練る。

ダイムラー・ベンツ社、クルップ社、マシーネンファブリーク・アウクスブルク・ニュルンベルク（MAN）社やヘンシェル社などの主要な軍需産業が、LaSというコードネームで戦車の開発を続けた。LaSは、Landwirtschaftlicher Schlepper（農業用トラクター）の頭文字をとったものである。一九三五年三月のナチスの再軍備宣言後、わずか一年でⅠ号戦車A型が生産されたが、それこそがＬａＳであった。

Ⅰ号戦車は八ミリから一五ミリの機銃しかもたない豆戦車だが、訓練用に使用されるほか、スペイン内戦やポーランド侵攻、対仏戦争の初期まで実戦にも投入された。続くⅡ号戦車も、再軍備宣言以前から、ＬａＳ１００というコードネームで開発され、実戦に用いられた。ただ、独ソ戦では、その後に開発されたⅢ号戦車とⅣ号戦車が主力であった。

第二次世界大戦時にはほとんどのトラクター企業が戦車開発を担うようになる。ドイツのランツ社が全トラクターの生産のうち、五〇%を戦車生産に切り替えたのは一九四三年のことであった（大島隆雄「第二次世界大戦中のドイツ自動車工業（２）」）。

また、農業機械化それ自体も、軍事的な意味合いが含まれていた形跡がある。ドイツでもっとも大きな経済学研究所である景気研究所のある研究者は、一九三八年に「機械が農村にもたらしたもの」として、生産力の上昇や女性の仕事負担の軽減による人口の増加と並んで、「農村新兵の国防的有用性の増大」と述べている。つまり、農業機械の操作に慣れることで、戦時にも機械化した兵器を容易に扱えるようになる、と見ている（Hans von der Decken, *Die Mechanisierung in der Landwirtschaft*）。つまり、トラクターと戦車の技術的同一性は、農民と兵士の機能的同一性をももたらすのである。

キャタピラー社の軍需産業化——日本人の視線

日本でもトラクターの軍事的有用性は自明であった。鐘紡ヂーゼル工業会社取締役車両部長の渡邊隆之助は、一九四三年に『牽引車（トラクター）』というトラクターの概説書を執筆しているが、そのなかの「大東亜建設と牽引車の意義」という箇所でつぎのように書いている。

「国防自動車科学面にクローズアップされたトラクターは、大東亜の資源開発、輸送力向上等によって平時増強作用が行なわれる」。「農地開発、増産目的上東亜的なトラクター農法は急速に実現する可能性がある」。「米、英、ソは勿論、独、伊、仏等、自動車工業力下にトラクター工業の組織を有しないものはない」

つまり、平時の農業用トラクターとは軍事利用を前提に開発すべきであり、それは、ちょうどドイツの企業がトラクター開発の名の下に戦車を秘密裏に製造していたように、自動車工業の発達している国では常識になっていると述べたのである。

さらに、渡邊はつぎのようにも述べている。「牽引車は無論第一線兵器ではないとは云《い》え、准第一線兵器であろう。／キャタピラー会社は、大東亜戦争勃発前半年位迄他の自動車会社に倣わず、兵器車両の政策を拒んでいたが、遂いに服従して政策を初めたと云う記事が、戦前に届いた雑誌に載っていたが、聊《いささ》か緊張感を覚えさせるものがある」（前掲書）。

「キャタピラー会社」とは、いうまでもなく、あのメジャーリーガーのボブ・フェラーが好んだ、履帯トラクターの老舗キャタピラー社のことにほかならない。

一九四二年一二月八日の真珠湾奇襲に始まる「大東亜戦争」のもと、トラクター企業がこぞって戦車開発に乗り出すことは、自動車産業もトラクター産業も十分に発達していない日本にとって「緊張感」を覚えるものであったことは想像に難くない。

ソ　連――転用は公然の事実

ソ連もトラクターの戦時利用に積極的であった。

一九三三年六月一日、第一次五ヵ年計画の一環として、南ウラル地方のチェリャビンスクに建設された「チェリャビンスク・トラクター工場」は、ソ連の重要なトラクター生産の拠点であった。同年中に、初の履帯トラクター「スターリニェッツ60型」を生産した。スターリニェッツとは「スターリン主義者」という意味である。独裁者の名前がトラクターに付けられたのは、世界史上でこれが最初であるが、ただ、スターリニェッツ60型は、アメリカのキャタピラー60型のコピーであった。生産量は旺盛で、一九四〇年三月までに一〇万台のトラクターを生産した。さらに、スターリニェッツ65型がそれに置き換わっていく。四気筒のディーゼルエンジンを搭載した重さ一〇トンの巨大なトラクターである。

チェリャビンスク・トラクター工場は、他方で、戦車生産の拠点でもあった。しばしば「タンコグラード Tankograd」、すなわち「戦車都市」と呼ばれていたことからもわかるように、戦争中に約一万八〇〇〇台の戦車を生産している。一九四一年にはKV-1、翌年にはT-34など、赤軍を代表する戦車もここで作られていた。

一九三九年のソ連映画『トラクター運転手たち』は、独ソ不可侵条約前のまだ独ソ戦の予感が漂うウクライナ農村のコルホーズが舞台である。男女のトラクター運転手たちを主人公にしたミュージカル・コメディー映画だ。監督は、戦後『白痴』（一九五八）、『カラマーゾフの兄弟』（一九六九）などのドストエフスキー作品の映画化で有名なイワン・サンドロヴィッチ・プリイェフ（一九〇一-六八）である。ここで興味深いのは、まず、トラクター運転手がトラクターに乗りながら、途中から手を離し、後ろ向きになって朗々と歌う場面である。危険と言わざるを得ない運転だが、本人は気にすることはない。

工場労働とコルホーズ労働を
われらは護り、われらが国を護る、
大砲を積む、戦車の強力な突撃
速さと絶え間ない砲撃で。
砲火の轟き、鋼鉄の輝き
戦車は怒りの行軍につく、

同志スターリンがわれらを戦場に
筆頭元師がわれらを導けば！
（福元健之訳）

これはもはやトラクターの歌ではなく、戦車の歌である。
しかも、この映画では、トラクター運転手が、戦車の運転手になるように上から誘導される。コルホーズの指導者と思しき人物がトラクター運転手の女性たちの前で「トラクターは戦車だ！」と言い切る。最後のシークエンスは、スターリンの肖像がかかる結婚式会場である。トラクター運転手のカップルを祝福する場面で、同じ指導者は「ドイツを打ちのめすために」「君たちトラクター運転手は、トラクターから戦車に乗り換える」と演説を打つ。新婦が「われらの土地も、一寸として譲らない」とうたうと、「敵はあらゆるところで撃退される！／運転手が起動装置を動かすならば／森でも丘でも水辺でも……」（福元訳）と全員でうたう。どちらも二拍子で猛々《たけだけ》しい曲調である。

ドッペルゲンガーの「機械」

もちろん、ドイツやソ連ばかりではない。
イタリアではフィアット社が一九一〇年に最初のトラクターを完成したが、一九一七年にはイタリアで初の戦車となるフィアット２０００を試作している。フランスのルノー社も、一九世紀末から二〇年間自動車を製作してきたが、一九一九年に最初の二〇馬力の履帯トラクター、HI型を完成している。これは、第一次世界大戦期に製作していた戦車をベースに作られたものである。ルノー社もフィアット社も両大戦期とも戦車や軍用車を生産していた。

ポーランドのウルスス社は、一八九三年に食品企業として創業するが、一九二二年に初めてトラクターを世に出した。しかし、そのあと五年でわずか一〇〇台しか製作できなかった。一九三〇年に倒産の瀬戸際に立つが、政府が救済。その後、軍事用トラクターを七〇〇台生産している。


以上の意味で、トラクターと戦車はいわば双生児であり、ジーギル博士とハイド氏のようにドッペルゲンガー（二重人格）の機械であったということができよう。旧約聖書のイザヤ書には「剣を打ち直して鋤とし、槍を打ち直して鎌とする」とあるが、トラクターの登場によって、剣は鋤に、鋤は剣に自在に変化《へんげ》する時代が到来したのである。

ヒトラーとスターリンのはざまで

世界に誇るランツ社を擁し、「フォルクストラクター」を開発していたナチス・ドイツと、他方で急速にトラクターを輸入し、自国産でトラクターの生産ができるようになったソ連は、文字どおり、二〇世紀前半の世界政治の台風の目であった。

一九三九年に独ソ不可侵条約を結び、両サイドからポーランドを攻め、領土を分け合ったことは世界を驚かせたが、しかし、結局、反共を党是とするナチ党独裁のドイツは、ソ連に戦争を仕掛けることを避けられなかった。ちなみに両国とも、占領地開発のためにトラクターを輸出している。

一九四一年六月、独ソ戦が始まる。初めはドイツ軍が圧倒していたが、次第に赤軍に押し返される。その転換点となった戦いが、一九四二年六月から翌年二月までのスターリングラードの戦いであることはよく知られている。当時、スターリングラードはソ連の重工業進展の中心であった都市で、ここにはスターリングラード・トラクター工場があった。この工場は、トラクターだけでなく、ソ連軍を代表する中戦車T-34の半分近くを生産していた。また、一連の戦闘のなかでももっとも激しい戦闘が、このトラクター工場をめぐる戦いであり、戦闘でトラクター生産はストップした。

また、ドイツ軍は、ソ連との戦争のなかで、ソ連製トラクターならびにコルホーズと出会ったことも世界史的に重要である。たとえば、ドイツ軍は、独ソ戦時に、スターリニェットラクターを多数鹵獲《ろかく》し、農軍両用に使用している。

コルホーズについては、ドイツ史家永岑《ながみね》三千輝《みちてる》がその先駆的な研究でつぎのように述べている（『ドイツ第三帝国のソ連占領政策と民衆』『独ソ戦とホロコースト』）。独ソ戦開始後六週間ですでに、ドイツはコルホーズのようなソ連式の経済システムを打破するという従来の路線が揺らぎ始めた。機械トラクターステーションの農業機械が敗退した赤軍によって持ち去られたり、破壊されたりしている現実が、既定方針の再考を迫ったのである。また、トラクターがあっても燃料がない。機械がないので、現地の農民たちは古い農具を持ち出して、自助の精神で農作業を始める。つまり、スラブ人を劣等人種だと見下し、反共産主義を党是としたナチスも、これ以上破壊を進めるよりもコルホーズを温存して再建する道が手っ取り早いと考えたのである。

また、トラクターは石油を欲した。永岑はこう述べている。「同盟国ルーマニアの国内消費を削ってでも確保しようとした。同盟国の燃料消費への圧迫といった必死の調達努力にもかかわらず、十分には確保できなかった」。石油が戦争の鍵となったのは、ナチスだけでなく東南アジアの油田地帯に侵攻した日本も同じであった。なぜなら、物資運搬のモータリゼイションこそが、戦争の鍵を握ったからである。

永岑が「生産物である食糧を治安政策的統合政策的にもっとも容易なところから削りとる。「大食漢」の除去、それが一九四二年に進行した「最終解決」の実質的意味であった」と述べているとおり、ナチス・ドイツの東欧およびソ連の一部の占領は、地元住民に飢餓を押し付けるかたちで進められた（『独ソ戦とホロコースト』）。この計画は、ナチスの食糧農業省の事務次官ヘルベルト・バッケ（一八九六―一九四七）によって作られたことからバッケプラン、あるいは、飢餓計画と呼ばれている。

ナチス・ドイツもまた、第一次世界大戦期のような飢えを避けるために、占領地の穀物徴発と本国への輸送に心血を注いだ。それは、飢餓輸出というべき、テロルであった。敵国のソ連と同じ行為を繰り返したのである。

『ウクライナ語版トラクター小史』は何を語るか

永岑の研究が先駆的だと述べたのは、ナチズムとスターリニズムのそれぞれの本拠地だけでなく、それらの「はざま」で何が起きたかを知らないかぎり、それらの体制がもたらした暴力の真の残虐さを語ることはできないからである。

独立の夢が潰《つい》え、ソ連に組み込まれたあとも、ウクライナは波乱の歴史を辿る。スターリン体制下の大飢饉が猛威を振るったのも、独ソ戦の主戦場となったのもウクライナだった。ドイツの占領地になったあと、戦後はソ連に戻り、ソ連崩壊後独立を遂げた。ウクライナの歴史は二〇世紀の暴力の発現の歴史でもあるのだが、ソ連のトラクター史の起源であることは、すでに述べたとおりである。

二〇〇五年にイギリスで刊行され、世界でベストセラーになったマリーナ・レヴィツカ『ウクライナ語版トラクター小史』（＝邦訳『おっぱいとトラクター』）は、以上のようなウクライナの悲劇をトラクターの視点から描いた小説である。地味なタイトルにもかかわらず、二〇一〇年の段階で三七ヵ国語に翻訳され、二〇〇万部売れたのは驚異的と言わざるをえない。

『ウクライナ語版トラクター小史』は、ウクライナの元トラクター技師で、イギリスに住んでいる八四歳のニコライという老人の現在と過去をめぐって話が進む。ニコライのモデルは作者レヴィツカの父親である。

ある日、ニコライ老人は、ウクライナからイギリスにやってきた豊満な三六歳のヴァレンチナと結婚すると宣言する。しかし、低賃金で介護ヘルパーとして働くヴァレンチナは、豊胸手術をして安物の化粧品を大量に買い、ニコライを色仕掛けで騙《だま》して結婚をもちかけ、ヴィザ、パスポート、就労許可証を得ようとしている。このことを知った仲の悪い娘二人が「休戦協定」を結び、老いた父親から彼女を追っ払う作戦を立てる。ついに、ヴァレンチナを元夫に引き取ってもらうことに成功し、ウクライナに帰国させるのだが、その過程で、ニコライ一家の隠された暗くて重い歴史のヴェールが剝《は》がされていくというストーリーである。暗鬱《あんうつ》なのは、第一に、若きニコライの人生である。一九三二年から三三年にかけてのウクライナの飢饉を乗り切り、結婚したあと、独ソ戦が始まり、ニコライはソ連軍に徴兵される。兵役に嫌気がさし脱走。町の墓に入ってプラムや葉っぱに巻いた虫を食べて生き延びていたが、密告されてソ連の内務人民委員に捕まり、独房に入れられる。ニコライは、絶望してガラスを割り、喉を搔き切るがドイツの医者の治療のおかげで助かる。そのあとドイツ軍が占領し、ニコライはエンジニアだと言ってドイツ軍に雇ってもらい、家族を置いてドイツへ向かう。それゆえ、ニコライたちは、ウクライナに戻らなかった。なぜなら、戻ったらドイツ軍の協力者として流刑か死刑に処せられたからである。

第二に、ニコライの妻と娘である。ニコライがドイツに向かったあと、ウクライナのダシェフに残った妻と娘（語り手の姉）は、ドイツ軍によってバイエルン州東部にあるドラッヘン湖畔の労働収容所に連れ去られる。そこで、母親は飛行機のエンジンの組み立てに従事する。娘は、看守の煙草を盗み折檻室に入れられた。戦後、シュレースヴィヒ・ホルシュタイン州のキールの難民キャンプで三人は再会し、そこで、語り手である妹が生まれる。実は、姉妹の二人は、ヴァレンチナの騒動が持ち上がるまで、母の貯め込んだヘソクリの遺産相続で骨肉の争いをしていたのである。

トラクター技師の歴史観

こうした歴史を背景に、レヴィツカは『ウクライナ語版トラクター小史』を書き上げる。ここでは、この内容のうち、トラクターの世界史を語るうえで重要な視点を四点ほど取り上げたい。

第一に、ウクライナからみたとき、スターリンの農業集団化には、民族の弾圧というニュアンスが含まれていたことだ。ウクライナでトラクター技師をしており、しかもそれを終生誇りに思っていたニコライにとって、ソ連は希望をもたらす国ではなく、なによりもまず抑圧者であった。ニコライは言う。

トラクターは、スターリンが革命の敵と見なしていた自営農民、すなわち土地を所有する富農階級《クラーク》の解体を促す先触れとなったのである。〝鉄の馬〟が村落の伝統的な生活様式を破壊する一方、ウクライナのトラクター産業は隆盛を極めていく。もっともウクライナの集団農場化のほうはまるで成果があがらず、これは主に、コルホーズへの移行を拒み、自分の農地を耕し続けた自営農民たちの抵抗があったためである。

これに対してスターリンは容赦ない報復に出た。報復に用いられた手段は〝飢餓〟である。一九三二年、ウクライナの農作物はことごとく押収され、モスクワやレニングラードに輸送され、工場で働くプロレタリアートの食糧となった。（青木純子訳）

ニコライは、ウクライナでトラクターが「鉄の馬」と呼ばれ、「鉄の馬」が村落社会の伝統を破壊し、クラーク絶滅の手段となったことに加え、ウクライナの農民たちが農業集団化に抵抗したことを証言している。また、一九三二年から三三年にかけてウクライナを襲った大飢饉がスターリンによる抵抗の「報復」であるとするニコライのまなざしは、ウクライナ人だからこその独自性を備えているといえる。

第二に、ウクライナのソ連に対する苦しみを、アイルランドのイギリスに対する苦しみに重ね合わせていることだ。

ニコライは、三点リンクを発明したハリー・ファーガソンを「トラクター開発史に輝かしい名を残す」「天才」と手放しで賞賛する。それは、「アイルランドもまたウクライナ同様、強大な産業先進国と境を接し、その圧力をこうむっている農業主体の国」と言っていることとも無関係ではないだろう。また、一九世紀半ばのアイルランドの大飢饉をウクライナの大飢饉に重ね合わせているとしても不自然ではない。この飢饉でウクライナは人口の一割以上にあたる四〇〇〇万人から六〇〇〇万人の餓死者を出した。ニコライは、空腹のあまり赤ん坊を食べて発狂したある女性のことも覚えているし、ニコライの妻は飢饉の後遺症で戦後も食物倉庫を満たしていないと気が済まない人だった。だからこそ、娘たちが争うほどの膨大な金額のヘソクリも貯めつづけたのだった。

第三に、トラクターと戦車の関係について技師の視点から論じていることである。ニコライは語る。「トラクターを生み出した平和のテクノロジーは、図らずも戦争兵器を生み出すのに利用されるようになる。その最大の皮肉がヴァレンタイン戦車であった」。ヴァレンタイン戦車は、イギリスの軍需産業ヴィッカース・アームストロング社が設計し、カナダのカナダ太平洋鉄道社でも製造された。トラクター製造に熟練したウクライナの技師がそこに多数いたからだとニコライは述べている。

一九世紀から二〇世紀にかけて工業化が進み、工場労働者になるよりは農業をつづけたいと考えた多くの数の農民がウクライナからカナダやアメリカ北部の農業地帯に移り住んでいる。ウクライナが他国に先駆けてトラクターを代表とする農業機械化を担ったのも事実であるから、単なるフィクションではないだろう。カナダで製造されたヴァレンタイン戦車はその後、ロシアにも輸出され、T－34戦車とともに、ウクライナをドイツから解放する戦争でも導入されたという。

第四に、トラクターがファシズムと共産主義を生み出したという歴史観である。トラクターは「疫病神」となってアメリカを襲う。ニコライによれば、トラクターが濫用されて土地が荒廃したために、一九三〇年代にダストボウルが起きた。他方で、土壌浸食は飢饉をもたらし、アメリカ経済を混乱に陥れ、ついには一九二九年の株価大暴落を引き起こす。そして、この政情不安と貧困が世界中に広がり、ドイツのファシズムとロシアの共産主義の衝突に向かい、人類を破滅の道へと駆り立てた――。

やや強引な展開であるとはいえ、『怒りのぶどう』を彷彿《ほうふつ》させ、一定の説得力を持つ。そもそもニコライ一家がナチズムと共産主義の両方に翻弄されたからこそ、このような歴史観が生まれるのだろう。

もちろん『ウクライナ語版トラクター小史』はフィクションであり、その真偽を明らかにすることに本書は関心がない。ただ、事実を元に書かれただけにリアリティに富み、何よりもトラクター技師一家の受難はヒトラーとスターリンに挟まれた地域、ブラッドランズ（流血地帯）と歴史学者のティモシー・スナイダーが呼ぶこの地域の受難そのものであるため、トラクターがスターリンによるウクライナへの攻撃の手先でもあったという描写も史実とそれほど遠くない。

第二次世界大戦中のイギリス

第二次世界大戦中の労働力不足のなか、急速な普及を遂げたのはイギリスである。歴史研究者のピーター・デューイの論文「戦時におけるトラクターの供給」によれば、イギリスのトラクターはフォードソンで占められていた。一九三二年にはロンドン東部のダゲナム地区にフォードソンの工場が完成し、イギリス産のフォードソンN型が大量生産されるようになる。フォードソンN型は、ピーク時の一九三七年の段階で一万八六九八台生産されていたが、翌年には一万六四七台に激減する。それは、フォードソンは寒くなるとエンジンがかかりにくく、燃費も悪いうえに、時代遅れになっていたからである。

しかし、フォードソンはその安価さと、会社の政治力でイギリスに残りつづける。フォード社は、政界のコネクションを使い、一九三八年九月二一日に農業省の幹部と会い、戦争勃発後のトラクター供給に貢献する準備があることを伝えている。

デューイによると、イギリスの農業省は、一九三九年三月のナチス・ドイツのチェコスロヴァキア併合以来、戦争は不可避とみて、イギリスの農業生産力の向上のため画策を始めていた。第一次世界大戦のように戦争が長期戦になれば、それは食糧戦争の様相を呈してくるだろうからだ。その画策の一つが、フォードソンの確保であった。

一九三九年五月には農業開発法を制定し、一エーカー（＝約〇・四ヘクタール）ごとに二ポンド補助することで農地造成を促し、六九万ヘクタールの耕地を創出しようとした。そのためには化学肥料とトラクターが必要だった。すでに、同年六月三〇日には、農業省とフォード社のあいだで契約が結ばれ、戦争が始まり次第、二七・五％の値引きでフォードソンを三〇〇〇台購入することになったのである。戦争が始まらなければ、政府はフォード社に対しなんら責任を負わない、という、フォード社にとっては賭けに近い契約であり、また、開戦を期待する、いわば「死の商人」の契約であった。

一九三九年九月一日にナチスがポーランドに侵攻したあと、政府は実際には契約よりも多く購入したといわれているが、詳しい数値は定かではない。いずれにせよ、フォード社はナチスとの戦争を利用して、フォードソンの延命措置を図ったのであった。

また、イギリス政府は、食糧自給のため、一九四〇年夏、トラクターの輸出を禁止する。これによって、一九三九年には生産量一万四七四〇台のうち、輸出台数が六二四二台、自国販売数三八三八台だったのに対し、一九四〇年には生産量一万八〇五〇台のうち、輸出台数は一五三四台にまで減少し、逆に自国内販売台数が一万六五一六台にまで急上昇した。フォードソンの生産台数も息を吹き返し、一九三八年には一万六四七台だったのが、ピーク時の一九四二年には二万七六五〇台に達する（Dewey, *The Supply of Tractors*）。

とはいえ、フォード社だけではイギリスの農業従事者たちは満足しなかった。アメリカからのさらなる輸入も必須であった。ＩＨ社やアリス＝チャルマーズ社の性能にフォードソンは太刀打ちできない。ファーモールのシリーズやアリス＝チャルマーズＢ型のような畝立て作物用のロークロップ・トラクターをフォード社は苦手としていた。ドイツの潜水艦の攻撃で海に沈んだトラクターもたくさんあったが、アメリカからやってきたトラクターはイギリスにとっては救世主であった。

さらに、戦時中のイギリスで重要なのは、履帯トラクターの活躍である。デューイによると、一九四〇年から四四年まで結局四〇〇万ヘクタールの湿地が農地に変えられたが、ここではアメリカのキャタピラー社、ＩＨ社、アリス＝チャルマーズ社の履帯トラクターが利用された。一九四四年の統計では、イギリスの農場全体で六二四三台の履帯トラクターが使われていたという。

フォードとファーガソン

技術史的には、アイルランド出身の技師、ハリー・ファーガソンの存在感はやはり大きい。一九三六年にファーガソンが独自に開発したトラクター「ファーガソン・ブラウン」は、フォードソンよりも性能がよかったが高価であり、一九三九年までに一三五〇台ほど生産されたにすぎなかった。一九三九年で生産がストップしたのは、生産を請け負っていたデイヴィッド・ブラウン（一九〇四―九三）の会社と契約が解消したからである。

一九三五年に創業したデイヴィッド・ブラウン社は、一九三九年に、みずから設計した三点リンク付きのトラクターVAK―1を発表している。ブラウンの政府への働きかけもあって、戦時中も活躍したが、ただ、これは三五馬力あるうえに性能もよいので、戦時中にはブラウンの願いも虚しく軍事飛行場で使用されることが多かったという。軍用機を牽引するのにちょうどよいからである。

ところで、ファーガソンは、ブラウンとの契約解消直後の一九三八年にアメリカでフォードとの握手によって結ばれた口頭の契約、つまり、信頼関係だけに基づいた署名なき契約で、イギリスのエセックスの工場でトラクターを製作することが許されていた。だが、ダゲナムにあるイギリスフォード社がそれを拒否、ファーガソンは、コヴェントリのスタンダード・モーター・カンパニーと契約を結び、そこで、三点リンクを搭載したトラクターを生産した。そのなかでもっとも重要なトラクターが、ファーガソンTE20である。二〇馬力で軽量だが性能が高く、イギリスでベストセラーとなり、アメリカにも輸出された。

他方でファーガソンとフォード社との関係は悪化していった。戦後、ヘンリー・フォードの孫のヘンリー・フォード二世（一九一七―八七）がファーガソンの特許権を無視して三点リンクを用いたトラクターを製作する新会社を設立しようとし、法廷での争いとなり、泥沼に陥った。一九三八年のあの握手の契約が反故《ほご》にされてしまったのである。結局、法廷ではフォード二世が勝利したが、膨大な費用がかかったし、ファーガソンもわずかな違約金しか得られず、トラクター史に大きな汚点を残すことになった。

ファーガソンは、一九五三年八月に自社をカナダの伝統的な農機具メーカーであるマッセイ＝ハリス社と合併することに合意し、マッセイ＝ファーガソン社という新しい社名でトラクターを生産し始めた。これは一時期世界三位のシェアを誇る巨大企業に変貌を遂げたが、一九九〇年にアメリカに農機具メーカーであるAGCO社の傘下に入った。

なお、ファーガソン自身はトラクター生産から身を引き、一九六〇年に、世界で初めて四輪駆動のF1カー「ファーガソンP99」を設計した。興味深いことに、ここには彼の製作したトラクターの変速機の技術が応用されている。

第4章　冷戦時代の飛躍と限界――各国の諸相

1　市場の飽和と巨大化――斜陽のアメリカ

冷戦期のトラクターの推移

この章では、冷戦時代のトラクターの足跡を追っていくが、そのまえに、国連食糧農業機関（FAO）の統計に即して、一九六五年、八五年、二〇〇〇年それぞれの、乗用型トラクター利用台数の上位一五ヵ国の変遷を見ておこう（4-1）。

ポイントは、第一に、アメリカが不動の一位を占めていることである。しかも二位の国を大きく突き放している。ただし、FAOの統計によれば、一九六六年の五四七万台を頂点に緩やかに減少していく。つまり、飽和状態に達したのである。

第二に、一九六五年から八五年にかけて、ソ連、ドイツ、イタリア、フランスなど西欧諸国が堅実な伸びを見せていることである。

4-1　乗用型トラクターの利用台数上位15ヵ国と世界の合計の変動

	1965年		1985年		2000年	
順位	国	台数	国	台数	国	台数
1	アメリカ	4,800,000	アメリカ	4,670,000	アメリカ	4,503,625
2	ソ連	1,613,200	ソ連	2,829,000	インド	2,091,000
3	ドイツ	1,288,372	日本	1,853,600	日本	2,027,674
4	フランス	996,422	ドイツ	1,641,625	イタリア	1,643,613
5	カナダ	586,905	フランス	1,491,200	ポーランド	1,306,700
6	イギリス	475,000	イタリア	1,227,134	フランス	1,264,000
7	イタリア	419,943	ポーランド	924,642	ドイツ	989,487
8	オーストラリア	300,859	ユーゴスラヴィア	881,693	中国	974,547
9	オーストリア	191,731	中国	852,357	トルコ	941,835
10	スウェーデン	170,000	カナダ	714,000	スペイン	899,700
11	デンマーク	161,734	ブラジル	666,309	ブラジル	797,466
12	アルゼンチン	155,000	スペイン	633,210	ロシア	747,000
13	スペイン	147,884	インド	607,773	カナダ	729,000
14	南アフリカ	138,422	トルコ	582,291	タイ	439,139
15	ポーランド	131,000	イギリス	525,549	セルビア・モンテネグロ	396,924
	世界の合計	13,407,506	世界の合計	25,096,325	世界の合計	25,456,149

注：1965年，85年は東西ドイツの合計
出典：FAOSTAT各年データ

4-2　農地面積あたりの乗用型トラクターの台数上位5ヵ国の変動（1000haあたり）

	1965年		1985年		2000年	
順位	国	台数	国	台数	国	台数
1	ドイツ	66	日本	315	日本	386
2	オーストリア	55	オーストリア	107	オーストリア	114
3	デンマーク	53	ドイツ	90	イタリア	105
4	スウェーデン	44	イタリア	72	セルビア・モンテネグロ	71
5	フランス	29	ユーゴスラヴィア	62	ポーランド	71

注：1965年，85年は東西ドイツの合計
出典：FAOSTAT各年データ

第三に、同じ期間に急激に台数を増やしているのが、ポーランドと日本である。ポーランドは七倍、日本は一九六四年のデータとの比較でなんと四八倍に増えている。

つづいて、4-2の農地一〇〇〇ヘクタールあたりの乗用型トラクターの台数、いわば「トラクター密度」の上位五ヵ国の変遷を見てみたい。ここでは、比較的農地面積の小さな国である日本、オーストリア、イタリアのトラクターの台数が目立つ。資本主義国で工業生産力があり、小農が多い地域では、馬力の小さなトラクターが普及し、自国内の食料生産を支えている様子が垣間見える。とりわけ、第5章で論じる日本のトラクター密度は群を抜いている。なお、アメリカは、ほぼ一〇〇〇ヘクタールあたり一一台で安定している。それに対し、ソ連は三台（一九六五年）、五台（一九八五年）と劣勢のままであった。

冷戦構造のなかのトラクターは、両陣営の中核国ではどちらも農地面積が広いため、大型のトラクターを用いて粗放的農業を営んでいた。その一方で、同盟諸国は中小農の国家が多く、小型や中型のトラクターを用いて比較的集約的な農業を営んでいるという構図が描ける。

そして、冷戦終了後一〇年を経て、世界のトラクター台数がやや頭打ちの傾向にあるなかで、新たな市場として大量の中小規模農家を抱えるインドと中国が台頭しつつあるのは、まさに世界経済の勢力図をそのまま反映しているといえよう。

赤と緑の闘い――ファーモール対ジョン・ディア

ドイツは一九四五年五月八日、日本は九月二日に連合国と休戦協定を結んだ。

第二次世界大戦が終わってから約二〇年間、アメリカのトラクター業界は最後の活況に沸いた。まだ小規模農家には役畜は残っていたし、トラクターの導入が遅れていたからだ。さらに、一経営あたりの農地の拡大とともに、大型トラクターへの需要が徐々に高まり、国外への輸出も増えた。

一九五一年、アメリカにあるトラクターの台数は六〇〇万台を突破する。そこには、大企業の寡占という影響があった。赤いファーモールをヒットさせたIH社と緑のジョン・ディアをヒットさせたディア&カンパニー社は、戦後もライバルでありつづけた。農民たちもまだ旺盛な消費欲と好奇心を失っていなかった。

『マイ・ファースト・トラクター』の編者ジェリー・アップスは、一九四五年から五〇年頃にかけて彼の父が隣人と競うようにトラクターを購入していたことを回想している。アップスの父は、第二次世界大戦が終わってから数ヵ月後に、赤いボディのファーモールH型を一七五〇ドルで購入したという。それまでは、改造したフォードソンを使用していた。フォードソンは、三点リンクも、PTOも、ベルトをつける滑車もない欠陥だらけのものである。それゆえ、IH社のファーモールは非常に魅力的だった。

フォードソンからファーモールに買い替えたきっかけは、冬の日にフォードソンのエンジンがかからなくなったことだった。「どんなに寒くたって、馬はいつでも動けるぞ」という父親の愚痴は、トラクターに対する鬱憤をうまく昇華させた表現である。

隣人のミラーは、緑色のボディのジョン・ディアB型を購入する。牽引力は二四馬力、ベルト伝導馬力は二七馬力、PTOは二二馬力、二気筒エンジン、クラッチは硬い。対する父親のファーモールは、牽引力は一九馬力、ベルト伝導馬力は二四馬力、PTOは二九馬力であるが、四気筒エンジンを搭載している。アップスの父とミラーは、同じ条件でどれくらいのスピードで脱穀できるか競争している。結果は引き分けだったが、こんなふうに、隣人に嫉妬したり教えてもらったりしながら、新しいトラクターを購入することで、農民たちは競って農業機械化を進めていくのである。

また、経済学者のオーラン・スケアによれば、当時こんなジョークがあったという。

質問　どうしてジョン・ディアのトラクターは緑色に塗られているんだい？
答え　ファーモールが来たときに草むらに逃げ込むためだよ。
質問　どうしてファーモールは赤色に塗られているんだい？
答え　バラバラに壊れたとき、部品が草むらのなかでも簡単に見つかるからだよ。

（*My First Tractor*）

この「売り言葉に買い言葉」ともいうべきジョークは、ファーモールとジョン・ディアがアメリカを代表する二つのトラクターであることのみならず、少数のトラクター企業による寡占状態も表している。

エルヴィスを魅了したジョン・ディア

ジョン・ディアとＩＨ社がアメリカトラクター史の頂点で輝いたことを象徴するエピソードをもう一つ紹介しよう。

南部のミシシッピ州出身のエルヴィス・プレスリー（一九三五―七七）は、高級車と高級バイクの蒐集家として有名だが、実はトラクターに乗ることも趣味であった。『マイ・ファースト・トラクター』のジョン・ディーツの記事によれば、一九五七年に撮影されたホーム・ムービーで、ＩＨ社製の四気筒、三〇馬力の３００型トラクターを乗り回しているという。また、一九六七年の初めにはエルヴィスが購入したミシシッピの牧場で、ジョン・ディアの４０１０型に乗っていたという記録もある。この４０１０型は、彼が休暇を過ごしたグレイスランドでも使われており、現在グレイスランドにあるエルヴィス・プレスリー自動車博物館に修復されたものが展示されている。しかも、これにちなんで、一六分の一のジョン・ディアの４０１０型トラクターの模型も玩具会社からも発売された（４―３）。

南部のゴスペルやジャズの音楽文化を吸収しつつ、世界中を虜にしたロック歌手のエルヴィス・プレスリーは、『監獄ロック』『ハウンド・ドッグ』『ラヴ・ミー・テンダー』『好きにならずにいられない』など誰もが口ずさんだ曲をつぎつぎにヒットさせた、二〇世紀のアメリカ文化の象徴である。同じように二〇世紀アメリカ農業界の象徴であるディア＆カンパニー社とIH社のトラクターを彼が操っていたという事実は、トラクターが現代史の証人としていかにふさわしいかを教えてくれる。

　ところが、一九五〇年代後半から、トラクターの生産は徐々に翳りを見せる。先述したように一九六五年にアメリカでのトラクター保有台数はピークに達し、以降、停滞していく。アメリカではトラクターは飽和点に達したのである。

4-3　エルヴィス・プレスリーのジョン・ディア

　ただし、台数が停滞する代わりに、トラクターの馬力が上昇していくことには注意を向けなければならない（4-4）。カウツキーやレーニンが机上で夢見たとおりに、アメリカの農業もまた巨大化の道を進んでいたからである。IH社は馬力を増した「スーパーM」を開発し、アリス＝チャルマーズ社はターボエンジンの四気筒エンジ

4-4　アメリカにおけるトラクターの総馬力と農場数の変遷

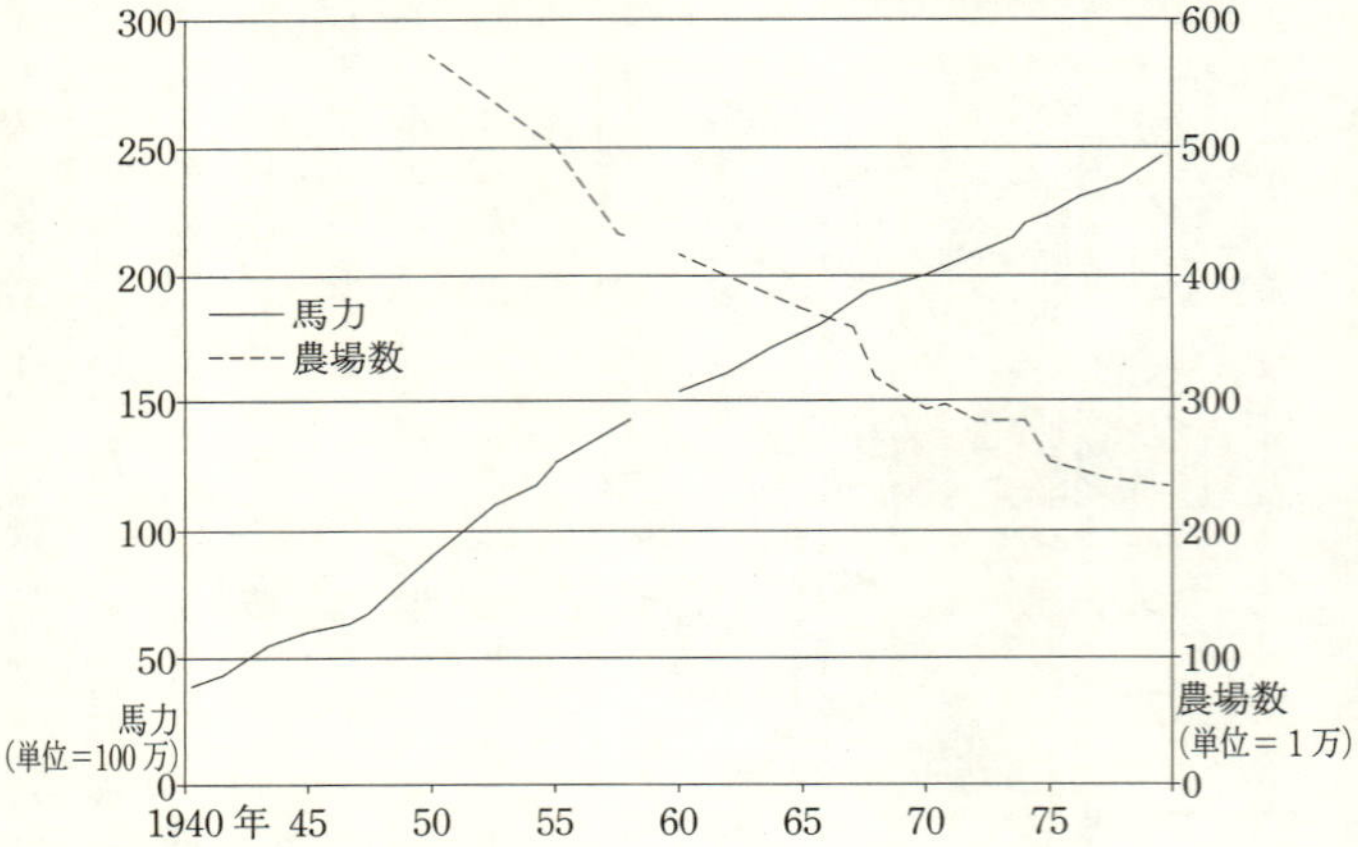

注：1958年と59年はデータ欠

出典：Durost and Black, *Change in Farm Production*, p. 32; National Agricultural Statistics Service.

ン搭載のトラクターを開発した。三点リンクも、より大きな作業機を接続できるように太く、また力強くなり、PTOもより回転数の多いものが普及していく。

振動と騒音が運転手を苦しめてきたことは、戦前から指摘され、改善の動きもあったが、トラクターの巨大化とともに、運転席はガラス張りになり、クッションが敷かれ、バッテリーを搭載することで電気も使え、空調も可能になり、快適性が増すようになった。

そんななかで、二気筒エンジンにこだわったディア&カンパニー社は時代の趨《すう》勢《せい》から取り残されていく。戦前・戦中には「ポッピンジョニー」と呼ばれて農民に愛され、エルヴィスの寵《ちょう》愛《あい》までも受け、空前のヒットを飛ばしてきたジョン・ディアのシリーズは、そのデザインに固執するあまり、大型トラクターへの移行に出遅れたからである。

大型化と日本からの輸入攻勢

そんななか、巨大なトラクターを生産する企業が出現し始める。ヴァーサタイル社、スタイガー社、ビッグ・バッド社の三社である。トラクターの巨大化の典型例は、一九七七年に登場したビッグ・バッド社の747型である。当時世界でもっとも大きなトラクターとして名を馳せた。成人の身長ほどもあるタイヤは、二重タイヤになっており全部で八つある。高さ四・三メートル、長さ八・二メートル、馬力は七六〇馬力、重さは軽油や水を満タンにすると六八トンにもなる（4-5）。このなかには、犂の様子をチェックできるモニターと、運転手の弁当を入れる冷蔵庫も付いていた。

巨大化にともない、スリップが多く、その分、馬力のロスが生じる二輪駆動に代わり、四輪駆動が主流になっていく。四輪駆動だと同じ性能のエンジンであっても、二〇から五〇％馬力を増すことができた。初めは高価であり人気がなかったが、次第に定着していく。IH社も一九七八年に3388型と3588型の二種類の四輪駆動のトラクターをデビューさせている。

とはいえ、巨大トラクターがいくら売れても、数に限りがあり、アメリカのトラクター業

4-5　ビッグ・バッド

界全体を活気づけるにはいたらなかった。斜陽化は、一九八〇年代にさらに進んでいく。ドナルド・レーガン大統領（一九一一-二〇〇四）の貿易自由化の時代、一九二九年の世界恐慌の再来のように、農村は不況に見舞われ、抵当にあてられていた農地がつぎつぎに銀行の手にわたった。農村の人口も減り、全人口のわずか三％しか農村にいない状態になる。これにあわせて、トラクター産業も停滞する。

一九八三年には、七九年時の六割程度にトラクター市場が収縮する。ディア&カンパニー社は、一九八三年の第一四半期だけで二八〇〇万ドルの損失となり、時間雇用者の四〇％、給料雇用者の一五％が解雇された。IH社も破産寸前にまで追い込まれた。世界第二位の規模を誇る農機具メーカーのマッセイ＝ファーガソン社も、アメリカで二輪駆動のトラクター生産から撤退した（Williams, *Fordson, Farmall, and Poppin' Jonny*）。

実はすでに、一九六〇年代から外国産のトラクターがアメリカの市場を席巻し始めていた。とりわけ脅威であったのは、日本の農機具メーカーであった。ちょうどトヨタ、日産、ホンダなどの自動車がアメリカのフォード社、ジェネラル・モーターズ社、クライスラー社のビッグスリーに脅威を与えたように、三〇馬力以下の小型トラクターでは、質の高いクボタ、ヤンマー、イセキ、三菱農機などの製品がアメリカ産のトラクターを市場で圧迫し始め、アメリカの農村でも急速に存在感を示し始めていた（*Ibid.*）。

一九八三年には、アメリカで販売されたトラクターのうち半数が外国産になり、翌八四年には、クボタはアメリカで三番目のトラクターの販売主となる。

大型化、快適化、その一方で、市場の飽和、そして停滞。アメリカのトラクター産業は、一九六五年をピークとして徐々にグローバルな企業統合の波に埋もれていく。

2　東側諸国での浸透——ソ連、ポーランド、東独、ヴェトナム

ソ連——MTSの解体と低い普及率

一九五三年三月五日、スターリンは死んだ。スターリンの死はトラクター史にも影響を与える。

一九五六年二月、ソ連共産党第二〇回大会で前指導者のスターリンを批判し世界中を驚かせたフルシチョフは、個人崇拝ではなく集団指導体制を打ち出したあと、五八年、MTSの解体を発表する。農業機械の共同利用を目的とする組織で穀物の強制的な集荷と農民管理の

拠点であったMTSは、スターリン時代の象徴であった。フルシチョフは、MTSに集中していた農業機械と機械修理のシステムを各農場に分散させ、農場の自主性の強化を目指す。一九五七年の段階で、全国に八〇〇〇存在し、構成員を二六〇万人抱えていたMTSは解体され、そこに属するトラクター六〇万台、コンバイン三二万台とともに、各地のコルホーズやソフホーズに吸収されていく（中山弘正『ソビエト農業事情』）。

ちょうど、アメリカの農場が巨大化していくように、コルホーズもまた一九五〇年代以降合併が進んで大規模なものに変貌を遂げていき、その一部はソフホーズに転化していた。また、フルシチョフ政権下では、大規模な開墾事業が進められたが、そこに巨大なソフホーズを建設することもあった。ソフホーズ相互間やコルホーズとソフホーズのあいだでの工業企業の共同経営が進められ、ソフホーズの役割が増大していくことがスターリン批判以降のソ連農業の基調である。

スターリン体制下にあれだけ農民たちを苦しめた穀物調達も、その国家統制的性格を変えぬまま、一九五〇年から六〇年にかけて調達価格が釣り上げられ、農民たちの生産意欲を増す効果をもたらした。一九八〇年代後半には、ミハイル・ゴルバチョフ（一九三一-）によるペレストロイカとともに「生産請負制」が導入され、一定の穀物を納めたあとは自由に処分してよくなり、コルホーズのなかに自主的な経済活動の余地が生まれ始める。

一九九一年一二月二五日にゴルバチョフが共産党書記長を辞任してソ連が崩壊したあと、

ロシアの大統領になったボリス・エリツィン（一九三一―二〇〇七）は、改革をさらに推し進めてコルホーズとソフホーズを解体し、欧米諸国のように農地の私有化を進めようとした。だが、家族経営に戻れた中国とは異なり、試みは挫折する。それは、集団農場の歴史が長く、設備も世代交代を経験し、機械も設備も大型化し、もはや分裂できなくなったからだ。それゆえ、現在は、協同組合や株式会社などの団体に再編されている（金田辰夫、中山弘正「農業」）。

ソ連では国産トラクター工場も稼働し、トラクターの台数も増えていくのだが、西側諸国の水準にはいたらなかった。一九八五年のＦＡＯの統計では、農地面積一〇〇〇ヘクタールあたり、ドイツが九〇台、イタリアが七二台、イギリスが二九台、アメリカが一一台に対し、ソ連は五台にすぎなかった。大きな面積で粗放的な農業を営む地域の多いアメリカと並べてもトラクターの普及率は低かったといわざるをえない。

他方で、ソ連製のトラクターは、農業機械工業の発達した中東欧よりも、あとで見るようにアジアやアフリカの社会主義国に輸出され、農業集団化と農村の社会主義化の先導役を務めていくことになる。

ポーランド――馬の国のトラクター

戦後ポーランドでは、ウルスス社が復活ののろしを上げる。ウルススとは、ラテン語で熊という意味である。帝政ローマの皇帝ネロ（三七-六八）の時代を舞台にしたヘンリク・シェンキェヴィチ（一八四六-一九一六）の歴史小説『クォ・ヴァディス』（一八九五-九六）の登場人物にちなんで社名がつけられた。小説中では、ヒロインのリギアを献身的に護衛するキリスト教徒で力持ちの大男のあだ名である。

ウルスス社は、一九四七年に、ドイツのランツ社製ブルドッグをコピーしたトラクターを生産し、さらに、五九年からはチェコスロヴァキアのゼトル社と共同でトラクター生産にあたる。ちなみに、ゼトル社は一九四六年に創業した国営企業で、現在なお根強い人気を誇る。前身はナチ占領下の飛行機エンジン工場であった。本拠地は工業都市ブルノで、同年三月一五日に、二気筒の小型ディーゼルトラクター、Z25がデビュー。好評を博した。冷戦期から輸出も盛んで、インドやアフリカでも使用された。次章で述べるように日本との関係も深い。

吉野悦雄編著『ポーランドの農業と農民――グシトエフ村の研究』は、一九九〇年から九一年にかけて行なわれた第二次世界大戦後のポーランドを知るうえで貴重な聞き取り調査の報告である。報告書には、ポーランド中央部のアノニマ県グシトエフ村カミオンカ部落（仮名）の村民たちが、どのタイミングでどれほどの馬力のトラクターを購入しているのかも記されている。

ポーランドでは、ソ連のMTSにあたる農業機械サービス協同組合（SKR）が存在した。一九五六年のポーランド統一労働者党第一書記のヴワテスワフ・ゴムウカ（一九〇五-八二）

の政権が成立したあと、いったん個人農育成の方策がとられるが、六〇年代前半には再び社会主義的な農業政策に転換している。さらに、一九七〇年にエドヴァルト・ギェレク（一九一三―二〇〇一）が共産党第一書記に就任してから、生産性の低い個人農の整理と、中規模以上の優良個人農の育成、ならびに社会主義セクターの発展を目指すようになった。

それとともに、ポーランドの中規模以上の農家も精力的にトラクターを所有し始める。たとえば、ドミニクという一家は、一九六八年に電気が届くようになってから井戸ポンプと電動脱穀機を購入し、七二年にトラクターを購入している。ただ、馬も一頭だけ、一九八二年に処分するまで維持している。

興味深いのは、ドミニクが、一九七二年にグシトエフ村の農村商業組合に二五トンのジャガイモを無償で納入し、トラクター優先購入切符を得ていることである。この切符は、「村の行政機構が優秀な農家を選んで割り当てるもの」であり、これがなければトラクターを購入できなかった。ジャガイモはおそらく賄賂であろう、と吉野は推測している。

ほかにも二一ヘクタール強の土地を持つ農家は、一九七二年に四〇馬力のトラクターを購入、馬を少しずつ減らし、八〇年には馬を完全に処分する。一九八五年になると大型の八〇馬力トラクターを購入し、トラクター二台体制になっている。また、トラクターを保有していない農家でも、別の農家にトラクター作業の依頼をしている例もみられる。

甜菜《てんさい》を栽培する上層農家は、トラクターを複数所有することが多いが、ＳＫＲに収穫や農薬散布の依頼をしていた。中規模クラスの農家では一家に一台所有しておりSKRの利用料金が高額であるため別の農家に収穫作業を委託することが多かった。小規模農家は、SKRに頼ることが中規模農家よりも頻繁であった。ポーランドの農村には階層差があり、SKRを状況に応じて補助的に使用していたようだ。

本章冒頭の4-1でも明らかなように、東欧諸国のなかでもポーランドはトラクター台数が群を抜いて多かった。それは、単に機械工業が伝統的に盛んであっただけでなく、以上のように、トラクターの私有を前提にして補助的に共同利用が進んだためであろう。

ただ、その一方でポーランドは「馬王国」として知られていた。馬の頭数がトラクターの台数に越されるのは、ようやく一九八九年になってからである。この年、トラクターは一五〇万台、馬は一〇〇万頭であった。ポーランド近世史研究者の小山哲によると、一九八六年から八八年の留学時にポーランド南部の農家に泊まったとき、「トラクターは故障すると部品がなくて動かなくなってしまうが、馬はいたわってやればいつまでも動いてくれる」といった話を聞いたという。

馬とトラクターを長年共存させた珍しい国家であるポーランドで、トラクターと家畜を比較する感性が一九八〇年代末まで継続していたことは特記に値する。

東ドイツ——トラクター運転手の活躍

ドイツ民主共和国（東ドイツ）の農業については、メクレンブルク・フォアポンメルン州のバート・ドベラン郡の歴史を詳細に研究した足立芳宏『東ドイツ農村の社会史』（二〇一一）が詳しい。

第二次世界大戦後、ソ連の占領区となった東ドイツ地区は、一九四五年九月に一〇〇ヘクタールの大農場を無償接収、分割し、五から八ヘクタールの農民経営を作り出す土地改革が断行される。一九四九年一〇月に建国されたのち五二年七月に農業集団化宣言が出され、五三年六月一七日の民衆暴動や五六年秋のハンガリー事件による動揺を乗り越え、五七年に農業集団化運動が再開、六〇年四月二五日には全面的集団化の完了宣言が出された。

東ドイツには農業生産協同組合（LPG）とMTSが存在した。MTSは農業集団化完了後にLPGに吸着されるが、集団農場の浸透度合いは強く、一九九〇年のドイツ統一後、西ドイツ的な家族経営への移行がスムーズに進むことはなかった。そのため、ソ連と同様に、LPGの遺産を引き継ぐような農業経営体が再編されていく。それはとりわけ、LPGの旧幹部層を主体とした農業協同組合という農業法人経営が多かった。

土地改革期、私的経営ではランツ社、ドイツ社、ハノマーク社などの二二馬力以下のトラクターが、公的な経営では、ほとんどの場合ランツ社の二二馬力以上のトラクターが使用されたという。トラクターは、郡当局による農村への介入の道具となった。とりわけ、東方から避難してきた難民が多い経営が困難な部落では顕著だった。こうした部落は、中央の強いイニシアティヴにより機械ステーションが作られ、そこにトラクターを集中させていく。これが、のちのMAS（機械貸与ステーション）、そして一九五二年のMTS設立への基盤となっていく。

もう一つ重要なのは、MTSが各村に浸透してからのトラクター運転手の活躍である。「MTSトラクター運転手の職は、単に戦後農村の貴重な雇用先というだけではなく、新時代の機械化農業を象徴する新しい雇用先であり、さらにはまた大型マシンを操作することは、親の世代とは異なる生き方として農村青年の自負心を刺激するものであった」（『東ドイツ農村の社会史』）。しかも、トラクター運転手は党派性が比較的弱く、流動性が高かったことも指摘されている。ここに、党中央から、トラクター運転手の「正しい人間」に導く人間開発が必要である、という言説も登場する。

「パイオニア」「模範労働者」「召使」

東ドイツのトラクターにはユニークな愛称が多い。

一九五三年から五六年まで初めて東ドイツで製造された「パイオニアPionier」（4-6）は、もともとは一九三五年に設立されたファーモ（FAMO＝自動車発動機製作所）社製の四気筒ディーゼルエンジン搭載の四〇馬力のトラクターを改良したものであった。ザクセン州のツヴィカウにある人民所有企業「原動機付車両・発動機製作所」で製造され、のちにノルトハウゼン・トラクター製作所で造られるようになった。

ファーモ社は、ナチ時代に軍事用トラクターの製造にも従事しており、強制収容所では収容者を使用していた。反ファシズムをほとんど唯一の国家建設の根拠とした東ドイツが、ナチスを支えていたファーモ社のトラクターを使用していたというのは皮肉である。ランツ社のトラクターも東西両国で使用されていたことからもわかるように、少なくともトラクターの歴史からみると、ナチスから東西ドイツにいたる道筋に大きな断絶はない。

また、一九四九年から五二年までブランデンブルク・トラクター製作所で生産されていた「アクティヴィスト Activist」は、V型二気筒ディーゼルエンジンの三〇馬力のトラクターである。形がいびつで、運転席が広く、安定性が悪いトラクターであった。東ドイツでは、アクティヴィストは、単に「活動家」という意味だけでなく「模範労働者」という意味もあり、いかにも社会主義圏らしい。

そして、農業集団化完了宣言のあと、一九六四年から六五年まで「パイオニア」と同じノルトハウゼン・トラクタ

4-6　コンバイン（刈取脱穀機）とセットで使用されるパイオニア

ー製作所で製造されていた「ファムルス」もユニークな愛称だ。ファムルスとはラテン語で召使もしくは奴隷という意味。つまり、労働者の「召使」として働くトラクターという意味が込められている。二気筒ディーゼルエンジンを搭載した四〇馬力のトラクターで、パイオニアおよびアクティヴィストと異なり、三点リンクが装備されている。色も、上記二種の深緑に対して、鮮やかな赤で塗られている。

パイオニアもアクティヴィストもファムルスも、MASとMTS双方で使用されていた。

ヴェトナムの若者の夢

ポーランドや東ドイツのようにヨーロッパの共産圏の国だけでなく、アジアの共産圏の国々にとっても、トラクターは若者たちの希望であった。

ヴェトナム戦争以前の農業集団化の時期に書かれたグェン・ディック・ズンの短編小説「ある娘」はトラクターへの憧れを描いている。

主人公は、村一番の美人で、数々の縁談を断ってきた一九歳のガット。胸中、思いを寄せている貧農の息子ザアは、試験的なMTSを設ける必要から作られたトラクター運転手の講習所に入ることになった。ザアもまた、活発なガットに密かに恋をしていたが、人気者であるガットになかなか打ち明けられない。ザアは、この講習を受けたあとガットに求婚をするつもりである。最後、村を離れて講習所に行く前夜に彼はガットに思いを打ち明ける、という単純明快な青春純愛物語である。

重要なのは、この小説に描かれている社会主義国ヴェトナムにとってのトラクターの存在感である。農村の若者にとってトラクター運転手になること以上に快い夢はないこと。ガットは、つぎつぎに縁談を持ってくる母親を封建主義者だと批判していること。ソ連やチェコスロヴァキアでは、農村にも電灯がついているという話をザアは聞いたことがあるが、それがMTSを農業集団化の核に据えているソ連とトラクター生産の盛んなチェコスロヴァキアへの憧れをあらわしていること。ヴェトナムでは、春の訪れを祝う寺の祭りが、第一次五ヵ年計画の遂行を祝う祝祭になっていること、など興味深い事実も記されている。

とりわけ強調したいのは、ソ連のようにトラクターが普及していないヴェトナムでは、トラクターで作業することが若者の強烈な憧れであると描かれていることだ。ザアから告白を受けたあと、「牛みたいな息」をして帰って来たガットは母親にこうささやく。「ねえ、トラクターってもの、見たことがある？」。ガットはベッドで微笑む。「目をとじると、トラクターを運転している青年の姿が浮かんできた。トラクターには大きいコンバインがつながれて、地平線までひろがっているひろいひろい畑を、ゆっくりとすすんでいった」（大久保昭男訳）という文章でこの小説は閉じられている。

トラクターにつながれているのは、おそらくコンバインではなく刈取機であろうが、社会主義国の農村に住む青年たちにとってのトラクターの存在の大きさを推し量るうえで、貴重な作品である。

なお、FAOの統計によると、ヴェトナムの乗用型トラクターの台数は、一九七〇年に一万六一五〇台、八〇年に二万四一〇五台、九〇年でも二万五〇八六台と停滞していたが、二〇〇〇年には一六万二七四六台まで増加している。

3 「鉄牛」の革命――新中国での展開

毛沢東の主張――大規模農業への転換

中国の農村ではトラクターはどのように受け入れられたか。これを網羅的に把握することは難しいが、いくつかの回想録や調査からそれをうかがい知ることができる。

中国に初めてトラクターが登場したのは、清の末期の一九〇八年、黒竜江省で、程徳全(一八六〇―一九三〇)という政治家が購入した二台の外国製トラクターだと言われている。中華民国期にもアメリカから輸入、「満洲国」の建国後は、日本から移住してきた満洲開拓団によってドイツのランツ社製トラクターが使用されていた。かつての奉天(現瀋陽)にランツ社の代理店が進出していたという。ただ、戦前の中国では大きな普及を見なかった。

連合国救済復興機関(UNRRA《アンラ》)は、一九四五年から四七年にかけ約二〇〇〇台のトラクターを中国に送った。これは一九四三年一一月に結成された組織で、枢軸国によって被害を受けた国の復興支援を目的とする。活動資金のうち七割以上はアメリカが支出していた。UNRRAのトラクター支援は、在来の農業を変革するためではなく、河南の黄河氾濫地帯に向けられたものだった。

この数百万ヘクタールに及ぶ沃土《よくど》は、蔣介石（一八八七–一九七五）が一九三七年に日本の攻勢を遅らせようと堤防を決壊させ、荒廃して以来、放置されていた。「最初の大洪水が退いた後、その土地一帯をおおった野草は農民のクワでは砕けないほど強靭にはびこっていた。救済トラクターは、戻ってくる避難民がそこで再び伝統的な冬麦—夏豆という作付交代を開始できるように、畜力や人力に代わって重い根を裂き掘りおこす砕根機となるはずであった」（ヒントン『鉄牛』加藤祐三・赤尾修訳）。

さて、一九四九年（一〇月一日）、毛沢東（一八九三–一九七六）は、中華人民共和国の樹立を宣言した。毛沢東自体は湖南の農村出身で、農村を拠点にした運動を展開してきた人物である。とはいえ、毛は、家族的な農民経営よりも大規模農業の進展を目指す。一九五五年夏に、毛は、二〇年から二五年以内に、農業技術改革を進め、一九八〇年前後には農業機械化の全土完了を目指す、と述べた（余敏玲『形塑「新人」』）。

一九五九年四月には国家主席にまで上り詰めた劉少奇（一八九八–一九六九）は、農業集団化に慎重な姿勢を見せており、小中農の成長のあとじっくりと農業の集団化を進めていくべきだと主張していた。他方、毛沢東は「農業共同化の問題について」（一九五五）で、こう述べている。

社会主義的工業化のもっとも重要な部門である重工業、そこではトラクターの生産、その他の農業機械の生産、化学肥料の生産、農業につかわれる近代的輸送用具の生産、農業につかわれる石油や電力の生産等々がおこなわれるが、これらのものはすべて、農業が協同化されて、大規模な経営になったという基礎があってはじめて、使用できるか、あるいは大量に使用できる、ということである。われわれはいま、私有制から公有制へという社会制度の面での革命をおこなっているばかりでなく、手工業生産から大規模な近代的機械生産へという技術の面での革命をもおこなっているが、この二つの革命は結びついている。（『毛沢東選集　第五巻』）

毛沢東は、別の箇所でソ連の試みを賞賛しつつ、早期の大規模農業への転換を主張しつづけた。農業機械化は農業の協同化によって初めて可能であることを毛沢東は指摘した。スターリンも小農論者であったネオ・ナロードニキ派を弾圧したが、毛沢東が劉少奇を文化大革命の折に冤罪《えんざい》で処刑したいくつかの背景の一つにも、農業機械化をめぐる方針の違いがあったのかもしれない。

トラクター技師ヒントンの述懐

新中国時代には、一九五八年に初めて国産トラクターが登場した。その後、豊収（三五馬力水田用トラクター）、工農（七馬力トラクター）、東方紅（五四馬力トラクター）といった中国らしい名前のトラクターが生産されている。

第二次世界大戦後、国民党と共産党の内戦の最中にトラクター技術を教えるため中国にやってきたアメリカ人技師の証言から、中国で外国産のトラクターが使用されていた事実を知ることができる。

その技師は、ウィリアム・ヒントン（一九一九-二〇〇四）。コーネル大学農学部出身で、ペンシルヴァニア州のフリートウッドで農場を経営していた。一九三七年に中国に初めて渡航し、四五年に中国を再訪。毛沢東と再会している。一九四七年からUNRRAの技師として五三年まで中国に滞在した。

ヒントンは、毛沢東の思想に深いシンパシーを抱いており、一九六六年から一〇年つづいた文化大革命も支持した。一九八九年六月の天安門事件で中国に失望するまで中国の試みに期待を抱きつづけ、それゆえに中国の青年たちを美化して描く傾向も否定できないが、技師だけあって現場の混乱に対して冷静な視線も向けている。

ヒントンは、滞在中、さまざまな個性ある中国人と出会っているが、張姓三《チャンシンサン》というスキンヘッドの党幹部もその一人である。ヒントンは、村の集会でトラクター普及を村民たちに説く張の姿を克明に描写している。

同志諸君！　機械は動きまわる土地を求めている。小さなトラクターでも一日に五〇ムー〔一ムーは約六・六七アール〕は耕せる。大きければ一五〇ムーさえ可能である。もっとも区画が狭くないばあいの話だが。機械にそのチャンスを与えなければならない。機械をまっすぐ走らせてやりたい。東北では、午前中ずっと一方向にトラクターをかける。そこで昼食にして、午後に逆の方向に戻ってくる。こうすれば能率がいい。（『鉄牛』）

絵に描いたような模範的な共産主義的人物である。張につづいて「トラクターの熱狂的なファンだった」農民の韓達明《ハンターミン》が喋り始めた。「みなさん、この素手で犂をひいていたのも、そう遠い昔のことではない。わしは、両肩にまだ綱をひっぱったときの跡が残っている。そのあと鬼子《クイツ》（日本軍）を追いだして、土地を分配した。牛も手にいれた。しかし生活はまだ十分でない。今や鉄牛《テイエニウ》が四本足の家畜にとって代わるようになった」。韓は、わずか一〇年という短い歴史で、人類史の耕耘技術の進歩を経験したことになる。

さて、韓が用いている「鉄牛」という言葉は、中国農民がトラクターに付けた名前である。戦争期の物資不足と日本軍による略奪のなか、韓は、みずからの両肩に綱をまきつけ、犂を牽引し、土地を耕した。綱は、韓の皮膚に食い込み、その痛みに耐えて耕作をつづけたのだが、その頃の肉体的苦痛からの解放への欲求が、日本軍からの解放された喜びとともに、まさに「鉄牛」に未来を託す原動力となっていたのである。

ちなみに、この「鉄牛」という呼称には、ちょうどソ連で「鉄の馬」という呼称が定着したように、未知の機械に対する中国らしい農民たちの対峙の仕方があらわれている。

ロバのように扱いなさい

ヒントンは、中国でトラクターを普及させることの困難を、農民たちの無知に見ている。しかし、ヒントンは粘り強く機械を扱う方法を説いていく。農民が技術をどのように体得していくか、貴重な証言であるので、詳しくみてみたい。

その舞台は河北省の冀衡《きこう》農場、一九四八年冬に開かれた華北人民政府農業部の第一次農林会議で設立が決定した華北地区で最初の国営農場である。同年中に、石家荘《せっかそう》でトラクター運転手の養成を目的としたトラクター訓練班が作られ、一九四九年一月から新設農場で訓練班の授業が開始した。七月に、UNRRAの華北事務所は、前線を南に下った共産党支配下の河北省南部にヒントンを派遣することに決定した。そこには二〇台のトラクターがあったが運転を教える教師がいなかった。

ところが、一九四七年秋、UNRRAは世界各地で活動を中止する。贈賄や物品横領があり批判を浴びたうえに、アメリカが東欧諸国への援助に反対したことが主な原因である。ヒントンは話す。「トラクターを動かすガソリンはもう入手できず、機械類はすべて山岳地帯に運ばれ、黄土のほら穴に保管されることになった」

ヒントンは、共産党系の北方大学（一九四八年に華北大学、現在の中華人民大学の前身）の英語講師になり、そこで、土地改革工作組のオブザーバーとして加わる。一九四九年からトラクターの燃料が入るようになり、荒地開墾事業は再開され、ヒントンも教職からトラクター事業に転任する。

ここでヒントンは、まず、部品の名前の統一を試みる。中国では地域によって、シリンダー、クランクシャフト、ピストンなどの部品名が異なっていたからだ。

また、ヒントンは、中国の若者が機械に対する思いやりに欠けていることに気づき、家畜にたとえて説明した。ロバを飼うとき、部屋の温度、飼料の品質、食欲のチェックなどをするのに、なぜ、トラクターに対してもっと注意しないのかを青年たちに問う。「ロバは、酷使されると、横になって動こうとしなくなる。トラクターは、酷使されても、どうすることもできない。抵抗できないのです」

そこで、ヒントンは、トラクターの「言葉」を聞く秘策を教える。

「もちろん、トラクターでも不平を口にすることはできます。あなた方は、トラクターのその言葉を理解するようにならなければならない。注意してよく聞いてやる必要がある。というのは、機械には多くの声があって、しかもみな一度にしゃべり出す。一つ一つを聞き分けてやる必要があるのです。（『鉄牛』）

この説明は、訓練生たちにたいへん好評であった。「彼ら〔訓練生〕は、自然主義者が鳥の鳴き声に耳を傾けるように、エンジンの音を聞きわけ始めた。彼らはシリンダーを一つずつ止めて音の調子の違いを分析することを覚えた。棒をもって自分の耳にあて、バルブの打音やベアリングのノック音、ギアを変えると変わるエンジンの音を聞き取った」

ヒントンが自由に行動できるのは、トラクター訓練所の李校長の協力も大きかった。李は訓練生たちに、トラクターはアメリカの労働者が作ったものであり、全世界の人が中国人民に贈ってくれたのだから、人民を裏切ってはならない、「子供の面倒をみるように」トラクターに気を配ろうと話し、ヒントンをサポートした。

「トラクター訓練生」にいよいよ終業試験の日がやってくる。人民解放軍が華南の大進撃に向け、淮河《わいが》流域に結集していた頃であった。ただ、文字が読めない訓練生もいるので、ヒントンは読解を含まない試験を考え出すのに苦心する。トラクターからいろんな部品を取りはずし、それらを中庭に並べて、一つひとつに番号をつけ、訓練生たちは歩き回って部品名とその機能を書き留める。字が書けない訓練生は、技術班の連中とあとから一緒に行って、自分たちの解答を口述して書き取ってもらったという。

アメリカとソ連のはざまで

ヒントンはアメリカ人だが、中国は当時ソ連との関係を深めていた。ヒントンの回想には、アメリカのトラクターとソ連のトラクターが双方登場するのだが、ヒントン個人の歴史もまた冷戦下のヘゲモニー争いの象徴であった。

たとえば、北京の露天市を訪れたとき、彼は、フォード商標の新しいトラクター用点火コイル（火花を散らすための高電圧を作る変圧器）を売っていることに気づく。それは、疑いもなく数年前にUNRRAの綏遠《すいえん》向け供給物資から盗まれたものであった。贈与物であったはずのフォードソンは、壊れたあと分解され、それが商品として売られていたのである。

アリス＝チャルマーズ社のトラクターも中国で働いていた。双橋にトラクター訓練所を新設する事業に李校長とともにヒントンもかかわっていたときの話である。そこに、全国の農村からトラクター運転手や機械工がやってきた。ルータイ（蘆台）から来た運転手は、円盤鋤をつけたアリス＝チャルマーズ社のトラクターを一〇台使って、「秋、地面が凍りつくまでに残された数週間で、三万ムーの土地を耕した。彼らはきびしい寒さの中で、一日一二時間交替で運転してトラクターを昼夜走らせ〔中略〕春の播種《はしゅ》に備えた」ことを話してくれた。かなりハードな働きぶりである。

また、彼らは、フォードソンには、県城周辺の窪地の重い根を起こすだけのパワーがないとこぼしていた。同じ不満は、黄河の下流域の博愛農場から来た人からも漏らされた。その農場では草の根が子どもの腕ぐらいに太く、地面はでこぼこだらけだった。

その一方で、ヒントンは、ソ連製のトラクターを高く評価している。彼は、ハルビンにソ連製トラクターと付属装置を引き取りに行ったとき、満洲国時代も含め二〇年間ランツのトラクターを販売してきたドイツ人の男と話した。彼は、ソ連製トラクターをガラクタぐらいにしか思っていなかった。アメリカのトラクターに触れてきたヒントンにとってもソ連製トラクターは不安要素に満ちていた。四角ばっていて、外見は美しくなく、鋳造は粗雑、変速装置の騒音も「悪魔のコンサート」のようだった、とヒントンは回想している。

4-7　渤海沿岸の水田地帯を走るスターリニェッツ80型

しかし、ヒントンは、飾りっ気のないソ連製の履帯トラクター（4-7）を実際に見て、それに魅力を感じ始める。「STZ〔スターリングラード・トラクター工場製トラクターの略称〕一〇台を選びだすと、つぎはプラウ、ディスクハロー、スパイクハロー〔中略〕、播種機、カルチベーター、風選機を選びだした。じっくり点検してみると、すべての機械がトラクターと同じ性格を持っていることがわかった。荒っぽく、ごつごつして、実利的な構造に、シンプルなデザイン、無駄なものは一つもない。われわれはうれしかった。大きな複式プラウが深さ二五センチの、五列の畝を切っていく様子を見たくてたまらなかった」

米ソ農業の違いが垣間見える

『人民日報』一九五〇年一月初旬には、「ソ連から第一号トラクター、首都へ到着」という記事が躍った。東北から運んできた貨車一〇台分のトラクターを、ヒントンはこう振り返っている。「エンジンの轟音も、トラックの排気音やドシンドシンという音も心地よかったし、道路におろしたトラクターの動きも気持よかった。この瞬間、アメリカ製トラクターとアメリカ工業の威信は何分の一かに小さく見えた」。実際にソ連のトラクターをみたある人は、フォードソンを「役に立たない小さなカブト虫」とこき下ろした。

このようなトラクターの違いから、ヒントンは、ソ連とアメリカの農業の違いを分析する。独立自営農の多いアメリカでは二〇馬力のフォードソンで間に合うが、大規模な集団農業へ移行しつつあるソ連では、五四馬力の履帯トラクターがふさわしい。「ソ連のコルホーズにくらべれば、アメリカの農業はおもちゃのようなもの」とさえ言うヒントンは、社会主義農業の信仰告白をトラクターを通じてしているかのようだ。

訳者の一人である加藤祐三は、あとがきでこう述べている。「一九五〇年六月現在の状況では〔中略〕国営農場と名のつくものは全部で二〇、総耕地一二万ムー（約八〇〇〇ヘクタール)」で、トラクターは一七一台だという。内訳は、ATZ(アルタイトラクター工場製トラクターの略称)五二馬力が六二台、STZ四六馬力が一〇台、UTZ(ウラル戦車工場製トラクターの略称)二二馬力が一六台、アメリカのフォード二〇馬力が二四台である。

しかし、トラクターの中国への本格的な導入は、人民公社にトラクターが普及する一九七〇年代まで待たなくてはならない。この時期、中国で国産のトラクターが登場し、修理も自前で行なえるようになった。ヒントンの試みは、その種を播くことであったと言えるだろう。この時期であるがゆえに、ヒントンの観察記録は、トラクターとのファーストコンタクトを生々しく描いている一級の史料である。

「女トラクター隊」の理想と現実

中国で、トラクターは希望と憧れの対象であり、ソ連への憧れの象徴でもあった。ヒントンは、このように述べている。「トラクターは農村で新しく、希望に輝くものの象徴になっていた。「鉄牛」がまったく新しい世界を引っぱってくるだろう。きらめく威光と進歩の兆《きざし》につつまれて、機械化農業は、磁石がやすり屑《くず》を引きつけるように、若者たちを引き寄せたのである」

台湾の歴史学者、余敏玲は、新中国の宣伝をソ連との関係から論じた著作『新たな人間をこしらえる』(二〇一五)の「男も女も同じ——女性トラクター運転手のジェンダー観」という章で、「女トラクター運転手」を論じている。女性もトラクター運転手になれることを、中国共産党は宣伝していたのである（『形塑「新人」』）。

ああ、トラクターよ、君は鋼鉄の軍馬だ。
トラクターよ、君はわれわれの愛する戦友だ。
君は愉快な音を発して、
もうとっくに畑を耕す頃合いだ。
われわれはどこまでも広い大地を駆けていく、
神の馬の手綱を操って！

一九五〇年六月三日、黒竜江省徳都県で中国で初めての女性だけのトラクター隊が登場した。上記の詩は、同年七月一六日、『人民日報』の「中国初の女トラクター隊」という記事に掲載されたものである。記事によると、女性の隊員たちは、紅旗を挿したトラクターを運転し、この歌をうたっていたという。毛沢東は、中国の女性は貴重な人的資源であると主張していた。

この黒竜江省の女性トラクター隊を結成した運転手は、梁軍（一九三〇-）である。梁軍は黒竜江省の貧農出身で、一九四七年に師範学校に入学、そこであのソ連映画『彼女は祖国を護る』を観てトラクター運転手になる夢を抱き、一九四八年に黒竜江省のトラクター訓練班に入る。七〇名中女性は一人だけである。しかし、苦心惨憺《さんたん》、技術を学んだ末に訓練を修了し、一九五〇年六月に女性一一名からなるトラクター隊を結成するにいたった。彼女は、中国共産党の宣伝に用いられ、さきほどのようにメディアに取り上げられたり、教科書に掲載されたりした。梁軍はまさに中国のアンゲリーナであった。

しかし、余が指摘しているとおり、実際には、トラクター運転手のなかで女性が占める割合はソ連に比して一貫して低く、トラクターが社会主義政権下の女性の解放に貢献するまでにはいたらなかった。また、仕事はきつく、夏は夜まで働かされ、夜中にライトが切れた日には運転席を狼に囲まれ、婦人病などで体調を崩しやすく、農閑期は男性運転手が休暇を取るのに対し、女性は家庭の仕事に追われる。トラクター運転手の多くは男性で、女性たちを軽視し、女性たちのトラクターを壊したり、わざと古いトラクターをあてがったりしたこともあったという。女性トラクター運転手は、男性至上主義的な価値観のもとで、あくまで象徴の扱いにすぎなかったからである。

なお、余によれば、現在、中国もロシアも女性がトラクター運転のような重労働をすることを禁止している。

チグハグなトラクター――チェン村の生産隊

では、トラクターは実際のところ中国の農村にどんな影響を与えたのだろうか。

『チェン村』（一九八二）は、一九六四年から二〇年にわたり、香港に隣接する広東州のチェン村（仮名）で聞き取りをした欧米人三名の冷静な研究報告書である。一九六四年に、毛沢東の思想の後継者として、意気揚々とチェン村にやってきた下放《かほう》青年たちは、集団農業に未来を託し、農民たちに集団への献身を促し、腐敗した幹部を徹底的に攻撃した。

下放とは「上山下郷《じょうざんかきょう》」とも呼ばれ、文化大革命期に、農民と生活し、農作業を体験することによって、みずからの世界観を改造することを目的として、党や政治機関の幹部や知識人を長期にわたり農村に派遣する政策であった。文化大革命後に批判を受け、中止されるまで、多くの都市の青年たちが農村へと向かったのである。

しかし、チェン村は、経済が停滞し、集会が農民たちに飽きられると、次第に下放青年たちにとって居づらい場所になっていく。また、鄧小平《とうしょうへい》（一九〇四―九七）の開放路線以後、農村も大きく変わっていく。

『チェン村』は、農村のトラクターについて、こんな報告をしている。

チェン村はまた〔レンガ工場の操業などによって得た〕農業利潤の一部を機械化に投入した。一九六七年に一七馬力の小型トラクターからそれは始まった。トラクターは〔生産〕大隊が管理するものとされたが、このときも全生産隊が金を出しあった。トラクターは、牛耕用の犂にくらべいっそう深く耕し、よりよく土を空気にさらすことができるものと思われていた。しかし、トラクターは冬の硬くなった土を掘り起こすとき再三再四故障した。大隊は、いらだってすぐにトラクターに荷車を引掛けてレンガや穀物の運搬用に使った。その代わりとして大隊は、四年前の順番待ちの末に東方紅印の四〇馬力トラクターを一九七三年にどうにか購入できた。しかし、新しい大型トラクターも前のトラクターよりほんの少し頑丈なだけだということが分かった。しかもおもな予備の部品は入手困難であった。したがってそれも主として運搬用に当てられた。にもかかわらず農民はトラクターのことを喜んだ。てんびん棒で大きな荷物を運ぶという骨の折れるいやな仕事からいくぶんかでも免れるためには、トラクターは悪くない出費であると彼らは考えたのである。（『チェン村』）

生産大隊とは、自然村を基盤に設立された農村組織であり、国家から給与を支給される人民公社とは異なり、村の実力者が中枢に座る。生産隊はその下部組織である。生産大隊がトラクターを購入し、管理するようになっていた。

チェン村では、トラクターはその本来の機能と関係なく、農民たちに受け入れられたようである。耕耘や脱穀などに使用されるのではなく、人の乗り物や物の運搬車にしか使用されないトラクターは宝の持ち腐れというべき状態であった。

結局、生産隊は、改革開放の流れのなかで生産手段を各農民に売り渡すように指示を出される。役牛は生産隊が所有することが許されたが、トラクターは競売にかけられ、資金を持った有力者が購入した。それを貸し付けたり、輸送業を始めたりすることで、儲けようと考えたという。一九五〇年代、毛沢東と劉少奇のように、幹部のあいだで農業適正規模をめぐる対立があったが、結局、チェン村に限ってみれば、一九七〇年代末から八〇年初頭の段階では、機械化は早すぎたといわざるをえない。

中国は、人民公社が解体されたあと、ソ連とは異なり家族経営へと戻っていく場合が多かった。それは、農業集団化が遅れて始まったがゆえに、チェン村のように、強制的にもたらされた農業機械化が受け入れられる地盤が固まっていなかったからであろう。

改革解放後、中国の農村は、東北部を中心に機械化が進展するが、地域間格差が拡大する。急速な沿岸部の成長のなかで、農村は、封建的ともいうべき地方政治家のボス支配と腐敗、さらに重税で苦しむ。中央政府も介入するが貧富の格差は凄まじい。トラクターは憧れでしかなく、借金苦で農薬や化学肥料を買うお金も捻出できない地域も少なくない状況がつづいている（李昌平『中国農村崩壊』）。

4　開発のなかのトラクター——イタリア、ガーナ、イラン

ランボルギーニのトラクター

つぎに、イタリアに目を転じてみよう。

フェルッチョ・ランボルギーニ（一九一六-九三）は、実家は農家であったがボローニャで機械工学を学んだ。第二次世界大戦のとき、軍用車両の修理をして技術を磨いたのち、一九四八年、軍から払い下げられた機械や部品を元に農業用トラクターを製造するランボルギーニ＝トラットリ社を設立した。最初は、戦後不要になった軍のエンジンを使い、その後、排気熱で軽油を気化するシステムを開発し、戦後の増産政策に貢献していく。

ランボルギーニが高級車メーカーに変貌を遂げるのは、トラクターで富を築き、高級車のコレクターになったからだ。「順調に仕事がうまくいったころ、彼はフェラーリを購入したが、どうしてもその走りや性能に満足できなかった。〔トラクター工場内で〕車を分解してみると自社のトラクターと同じ部品が使われており、しかもその部品には何倍もの値段が付けられていた。納得がいかなかったためエンゾ〔エンツォ〕・フェラーリ〔一八九八-一九八八〕に直接面会したものの、まともに相手にしてもらえなかった。そこで対抗心を燃やし、一九六三年にモーデナとボローニャのあいだに位置する小さな町で現在の本社・工場があるサン

タガタ・ボロネーゼにランボルギーニ自動車を設立した」（松本敦則「戦後経済と「第三のイタリア」」）。

ランボルギーニのトラクター部門は、その後一九七三年に、ザーメ・ドイツ・ファール社の傘下に入る。その基盤であるザーメ社は、一九四二年にイタリア北部のロンバルディア州ロレヴィーリオで創業した農機具メーカーである。ドイツでトラクター開発の先鞭を切ったドイツ社とファール社が合併してできたドイツ＝ファール社をさらに合併し、イタリアではランディーニ社やフィアット社とともに、良質なトラクターを生産する会社として名を馳せている。

現在でもザーメ・ドイツ・ファール社の傘下でランボルギーニのトラクターは生産、販売されているが、そのシルバーのボディとデザインは近未来的である。

フィアットの「ラ・ピッコラ」

とはいえ、イタリアのトラクター史の中心は、ランボルギーニではなくフィアットである。「フランスはルノーを持っているが、フィアットはイタリアを持っている」と言われたほど、戦時も平時も陸海空のモータリゼイションを担ってきた。現在も数々の会社を吸収して、世界的な大企業となっている。トラクター部門もその一つだ。

一八九九年にピエモンテ州のトリノで創業した自動車企業のフィアット社は、一九一九年、最初のトラクター702型の開発に成功、販売にこぎつける。ちょうどフォードソンの大量生産が始まってから数年しか経っていない時期だ。フィアット702型は、三〇馬力の四気筒エンジンを搭載し、重さは二九〇〇キログラムであった。一九三二年には初めて履帯トラクターを製作、同時に歩行型トラクターも開発し、販売する。トラクターメーカーとしては幅広く、また、要点を押さえた進展である。

一九四九年にはゴムタイヤ付きトラクターも生産し始める。そして、何よりフィアット社のトラクターを世に知らしめたのは、一九五六年に発表された「ラ・ピッコラ」という愛称を持つ211R型である。

ラ・ピッコラは、二気筒のディーゼルエンジンを搭載しており、わずか一九馬力。小回りの利くデザインは、非常に人気があり、三年で二万台も販売されたという。ラ・ピッコラに代表されるように、フィアットのトラクターは、鮮やかなマンダリンオレンジのボディが特徴であり、いまでもイタリアの農村で見ることができる。

その後、イタリアの農村人口の減少と耕地の拡大にあわせるように、馬力の大きなトラクターの開発も進み、一九八四年には農業機械部門をフィアットアグリ社として分社化、九一年にフォード・ニューホランド社を買収して、ニューホランド・ジオテック社と改称する。さらに、九九年には、アメリカのケースIH社を買収し、CNHグローバルと改称した。いうまでもなく、ケースIH社は、ケース社とIH社が合併してできた会社であり、アメリカの二大巨頭の一つがフィアット傘下に収まったことを意味する。

なお、ディア&カンパニー社は、どこにも買収されないまま、出遅れていたトラクターの巨大化にも対応し始め、現在では、世界第一位のシェアを誇っていることは注記しておきたい。CNHグローバルは現在第二位につけている。

国営企業による大規模農業――ガーナの事例

二〇世紀後半、西欧の植民地であったアフリカの諸国はつぎつぎに独立する。脆弱《ぜいじゃく》な経済基盤のなかで、食糧の安定的な供給を整備することは国家建設にとって必須であった。それゆえ、各国とも、場合によっては強権を発動してトラクターを中心に農業機械の導入に積極的に関与する。しかし、それはスムーズに進んだわけではなかった。

ガーナの事例を見てみよう。二〇世紀初頭までに英領ゴールドコーストとして公式にイギリスの統治下に置かれていたガーナは、一九五七年三月、サハラ以南で最初に独立を果たす。このガーナ独立の前後の過程に、トラクターを中心とする農業の機械化が積極的に進められた。

一九四〇年代の終わりから開始された北部のダモンゴを拠点とした「ダモンゴ計画」は、一万二四一〇ヘクタールの土地に農民たちを移住させ、トラクターを用いた大規模な機械化農業を進めようとするものであった。しかし、機械化による生産はうまくいかず、計画は頓挫する（溝辺泰雄「脱植民地化のなかの農業政策構想」）。

その後、独立の指導者として活躍したクワメ・ンクルマ（一九〇九-七二）もまた、工業化と食糧自給の向上のためにトラクターを中心とする農業機械化を国家の積極的な介入によって進めようとした人物であった。そうでなければ、工業国へのカカオや鉱物資源の輸出に依存する植民地型経済からの「テイクオフ」はできないと考えたからである。

一九六四年三月一六日に議会で承認された「国家再建と開発のための七ヵ年計画」では、複数の国営農場を建設し、そこにトラクターを導入して、大規模機械化農業を進めることになった。「在来の小農生産は発展の障害と見なされ、小農に対する技術普及等は全くかえりみられなかった」（高根務「独立ガーナの希望と現実」）。

だが、国家主導の大規模農業も実施後すぐに「国営農場の非効率な運営」、さらには運営主体とされた「ガーナ農民協同組合評議会」の幹部の任命に絡む不正や汚職などによって問題が噴出し、失敗する。

土壌浸食の「輸出」だったか

ガーナ農業の研究者である友松夕香によると、トラクターは、一九五七年の独立までの英領植民地期イギリスとアメリカを主として、他にもカナダ、フランス、西ドイツ、南アメリカなどから輸入されている。一九五七年から記録が確認できる一九七四年までは、上記の国々に加え、イタリア、日本、スペイン、オランダ、デンマークなどの西側諸国からトラクターの輸入があったという。ただし、ンクルマ政権が東側諸国に接近後の一九六三年から失脚するまでの六六年までは、チェコスロヴァキアからも大量に輸入があり、またユーゴスラヴィアやソ連からの輸入も確認できる（『サバンナのジェンダー』）。

ちょうどこの時期に「七ヵ年計画」がスタートしているが、溝辺の論文でも、一九六三年三月六日付のガーナの主要紙の記事で、二四〇〇台のチェコスロヴァキア製トラクターが購入されることが写真とともに報じられている。このトラクターは、おそらくゼトルで生産されたものだろう。また、友松の聞き取り調査によると、ユーゴスラヴィアに役人が訓練生として送られ、トラクターの維持管理の技術を学んでいたという。4-1でみたように、ユーゴスラヴィアは一九八五年の段階で世界第八位の台数を保有し、一〇〇〇ヘクタールあたりの台数では第五位に位置するトラクター先進国だった。

そして、西側諸国との関係が再び悪化した一九七二年から記録が確認できる七四年までのイグナティウス・アチャンポン（一九三一-七九）政権下ではポーランド、ルーマニア、チェコスロヴァキアからも輸入が再び増えている。政権が東側諸国に接近していた時期でも、ソ連や東欧諸国のほかに、先述したように西側諸国からトラクターが輸入されているのである。

ただし、FAOの統計によれば、一九六四年の二二三四台をピークに台数が増えていない。二〇〇五年でも一八〇七台、一〇〇〇ヘクタールあたり〇・一台にすぎず、数字を見るかぎりトラクターは定着にいたっていない。

また、ガーナに限らず、半乾燥の熱帯地帯にトラクターを導入するにあたって重要なのは、トラクター耕耘がもたらす土壌浸食の危険性である。たとえば、カメルーンとナイジェリアの農学者が西アフリカ半乾燥地帯での不耕起農法の効用について調べた論文が一九九一年に発表されている（Hulugalle & Mauya, *Tillage Systems for the West African Semi-Arid Tropics*）。なぜならば、一九六〇年代から始まったトラクター耕耘が伝統的な農具による耕起よりも著しく生産量を上昇させた一方で、露出した土壌の乾燥、トラクターによる土壌の圧縮などによって、土壌中の水の浸潤が減少し、土壌浸食が起こってきたからである。この論文では、不耕起で土壌浸食を防げるが、半乾燥地域では生産量が落ちてしまうと報告している。

つまり、戦後の西アフリカでは、一九三〇年代のアメリカのダストボウルと同型の問題が発生していたということになる。トラクターによる土壌浸食の輸出と言ってもよいかもしれない。一般に熱帯地域では土壌が薄く、必要以上の深耕は土壌を乾燥させてしまう以上、それはより深刻になる。もちろん、それはどこでも起こっているわけではない。温度、湿度、降水量、地形に応じて状況がまったく異なることは補足しておきたい。

イランの日本製歩行型トラクター

中東でもトラクターの存在は小さくなかった。

京都大学イラン・アフガニスタン・パキスタン学術調査隊は一九五九年から六四年にかけて計五回調査をしている。ちょうどこの時期、アメリカのジョン・F・ケネディ（一九一七―六三）政権による自由主義的経済改革の圧力のもと、豊富な石油資源による財政的なバックアップもあって、社会の近代化が急速に進められていた。一九六一年、第二代イラン国王モハンマド・レザー（一九一九―八〇）は「白色革命」を謳い、農地改革と農業近代化を進めていった。

当時の京都大学の調査は、木製の農具の調査や土地所有の関係などが中心であるが、イランの北部、カスピ海沿岸の湿潤地帯であるゴルガーン地方でのトラクターの使用についても言及している。それは、農業近代化が徐々に地方に浸透し始めていたからであろう。

報告書によると、ゴルガーン地方は調査地域のなかでもっともトラクターを使用しており、耕耘は、水田作は牛耕で、畑作はトラクターで行なわれることが多く、そのトラクターは大型トラクターのほかに日本製の歩行型トラクターも使用されていたという。また、興味深いことに、耕耘のあとの土の耙耕《はこう》（粉砕作業）のとき、トラクターを用いる場合はハローが使われているが、牛耕の場合は省略されているという。保水の手段として耙耕は湿潤地域では必要性が少ないからだ、と分析している。

重要なのは、第一に、一九六〇年前後に、すでに日本の歩行型トラクターがイランで使用されていたことである。第5章で述べるが、日本の歩行型トラクターの開発は、欧米とほぼ同時期に始まっており、技術水準も高く、水田に適応していた。一九六〇年代にイランで日本製歩行型トラクターが使用されていること自体なんら不思議ではない。

第二に、トラクターは完全に牛を駆逐したのではなく、水田と畑作で使い分けている、ということである。アメリカと同様に、農業機械の導入がそのまま即座に役畜の放逐を意味するわけではない。一頭ずつ手放したり、しばらく両方使用したりして、試行錯誤を繰り返す。これが「トラクターの世界史」で通常見られる対応である。その反面、ソ連の強制的な集団化では、トラクターの投入を見越して家畜の屠殺が行なわれるところもあった。これはソ連の農業工業化の焦りと権力の強さの双方をあらわしているといえよう。

なお、イランは、一九七九年二月にルーホッラー・ホメイニー（一九〇二-八九）を中心としたイラン革命によって、反米を標榜するイスラーム共和国が誕生する。一九八〇年から八八年にかけてイラクと戦争状態であったにもかかわらず、その間のトラクターの台数は徐々に増えている。FAOの統計によると、一九六一年には八〇〇〇台だったのが、七九年には七万〇九四二台、八九年には二〇万五〇〇〇台、最近のデータである二〇〇三年には、二五万八〇〇〇台に伸びている。

第5章　日本のトラクター――後進国から先進国へ

1　黎明――私営農場での導入、国産化の要請

外国製品の相次ぐ導入

この章では、二〇世紀のトラクター史のケーススタディとして日本を取り上げてみたい。日本は、二〇世紀前半はトラクター後進国であったが、二〇世紀後半にはトラクター先進国へと劇的な変貌を遂げる。アメリカのトラクターを仰ぎ見ていた日本が、水田という農業環境の制約を乗り越え、アメリカ市場にまで食い込み、農地面積あたりの台数も世界一位に昇り詰めたのである（4章、4-2参照）。

5-1は、日本のトラクターの台数と総農家数の推移を表にしたものである。歩行型トラクターは一九四七年から七三年のあいだに四三一倍、乗用型トラクターは一九六六年から九〇年のあいだに五五倍に膨れ上がっている。それとともに、農家の数も、一九四七年から九

5－1　日本における歩行型・乗用型トラクターの台数と総農家数の推移

年次	歩行型	乗用型	総農家数
1931	98	－	5,633,800
1935	211	－	5,610,607
1947	7,680	－	5,909,227
1951	16,420	70	－
1955	88,840	1,036	6,042,945
1961	1,019,590	－	6,056,630
1966	2,725,430	38,510	5,664,763
1973	3,313,290	292,750	－
1975	3,279,747	647,616	4,953,071
1980	2,751,000	1,472,000	4,661,384
1985	2,579,197	1,853,599	4,228,738
1990	2,185,400	2,142,210	3,834,732
1995	1,717,627	2,123,000	3,443,550
2000	1,047,789	2,027,674	3,120,215
2005	－	1,910,724	2,848,166

注：1961，66年の総農家数のみ，それらの１年前の数値
出典：藤井『国産耕運機の誕生』，p. 12. FAOSTAT各年データ，『農業機械年鑑』各年，農林業センサス各年

〇年のあいだに三五％も減少している。農業機械化と離農が相乗効果となって農業構造を変えたのである。その急激な変化の痕跡を、本章では追っていきたい。

農業用トラクターの日本への導入は、一九〇九年に岩手県雫石《しずくいし》町の小岩井農場が導入した蒸気トラクターと、一一年に北海道のオホーツク海に面する斜里《しゃり》町の三井農場に導入されたアメリカ・ホルト社製の半装軌型トラクターが、それぞれの初めてといわれている。北海道斜里町では、三井物産株式会社が北海道庁から払い下げた三六〇〇ヘクタールの土地にも、ホルト社の履帯トラクターを輸入した。

一九一八年には、札幌郡篠路《しのろ》村（現札幌市）谷口農場がケース社のトラクターを導入している。翌年、岡山県児島湾の藤田農場がアメ

リカのクレトラック社の二〇馬力のトラクターを購入する。ただ、「一トントラクター」と称されたこのトラクターは軟弱な水田の耕作には適せず、実用にはいたらなかった（福田稔・細川弘美「岡山県南部における農業機械化の展開過程」）。

私営の大規模農場が相次いでトラクターを輸入するなかで、日本政府もトラクターに関心を持ち始める。一九一九年六月には、農商務省がフォードソンを三台購入し、神奈川、千葉、山形各県に貸し付けている。台数に大きな差はあるが、イギリス政府が五〇〇〇台のフォードソンを購入してからわずか二年後のことである。トラクター普及の地球規模の同時代性を感じさせる出来事だ。さらに、同年一二月、アメリカのシュルベスト・トラクター社から三台購入し、これは静岡県に貸し付けている。日本陸軍も、第一次世界大戦後、軍事研究のためホルト社から履帯トラクターを購入している（高橋昇『軍用自動車入門』）。

一九二〇年頃から、歩行型トラクターも、アメリカとスイスから輸入され始めている。全部で二〇〇台くらいであった。そのなかでもシマール社のインパクトは強かったようだ。一九二一年頃、神戸在住のスイス領事は、瀬戸町東備農機具株式会社とともに代理店を設置して、シマール社の歩行型トラクターの実演販売を行ない、岡山県南部の農機具業者を刺激した（南智『農業機械の先駆者たち』）。

しかし、輸入した歩行型トラクターの導入は、失敗する。春の水田が畑地と比べて硬く、負荷に耐えられなかったからである。一時間以上連続運転すると、燃料消費量が急増し、馬力が急減。水田耕耘の負荷変動に耐えるほどに設計されていない以上、日本向けに改良が求められた。

「革命ロシア」の実験の象徴

一九二〇年代、トラクターのインパクトはアメリカからだけではなかった。
社会主義者の荒畑寒村（一八八七―一九八一）は、一九二三年五月一日、モスクワのメーデーに参加し、赤の広場で赤軍主催の野外無言劇を鑑賞し、その様子を著書『ロシアに入る』（一九二四）のなかで伝えている。

広場の一方から、貨物自動車に工場製品を積んだり、トラクタアに乗ったりして、工場製品労働者の一群がやって来る。その反対の方からは、時代おくれの荷馬車に麦粉の袋などを積んだ百姓の男女が、ワヤワヤ云いながらやって来る。彼等が途中で行き合うと、代表者は互に挨拶を交換し、それからいろいろと凝議の末、遂に双方の生産物、並に旧式の荷馬車と新式の貨物自動車やトラクタアとを交換して、また互に引返して行くという筋であった。

「田園と工場の融和」と「農村の開発」という「ソヴィエト政府」の政策を素朴に表現して

いる、と荒畑は分析しているとおり、工場からやってくる「トラクタア」と農村からやってくる「農作物」の等価交換が描かれている。もちろん、実際には、トラクターはけっして穀物と等価交換されるにとどまるような機械ではなく、農村過剰人口の整理と、農村からの穀物徴発の道具となっていくことは、すでに述べたとおりである。

同じく作家の中條百合子（一八九九‐一九五一）も、一九三〇年一〇月二七日、モスクワから日本に帰る途中、シベリア鉄道の車窓からウラル山脈のスェルドロフスキーのトラクター工場を見たり、翌日には「コルホーズ（集団農場）の大きいのを見た。トラクターが働いての収穫後の藁山」と述べたりしている（『新しきシベリアを横切る』）。

ただし、荒畑寒村も中條百合子も、現実にソ連の農村で動いているトラクターを観察していたわけではない。あくまで、この二人には、トラクターが「革命ロシア」の実験の象徴として映っていたにすぎない。

大関少年の憧憬

大関松三郎（一九二六‐四四）も、トラクターに魅せられた一人である。彼は、戦前に始まる「生活綴り方運動」から生まれた農家の少年詩人として世に知られ、小学校の教科書でも作品が掲載された。一九三九年、彼は「ぼくらの村」という詩を書いている。

ぼくはトラクターにのる
スイッチをいれる
エンジンが動きだす
ぼくの体が　ブルルン　ブルルン　ゆすれて
トラクターの後から　土が波のようにうねりだす
ずっと　むこうまで
むこうの葡萄園のきわまで　まっすぐ
四すじか五すじのうねをたがやして進んでいく
あちらの方からもトラクターが動いてくる
のんきな　はなうたがきこえる
〔中略〕
村じゅう共同で仕事をするから
財産はみんな村のもの
貧乏のうちなんか　どこにもない
〔中略〕
みんなが　仲よく手をとりあっていけばできる
みんなが　はたらくことにすればできる

広々と明るい春の農場を
君とぼくと　トラクターでのりまわそうじゃないか

この詩は、『詩集　山芋《やまいも》』に掲載されている。大関の通っていた新潟の小学校の教師で、「生活綴り方」の模範的な教師として知られていた寒川道夫《さがわみちお》（一九一〇–七七）が編んだ。だが、太郎良信《たろうらしん》の『「山芋」の真実』（一九九六）は、掲載されている詩が大関の書いた詩ではなく、寒川が戦後に書き換えた、もしくは改変したものである、と述べている。大関の詩を稚内の小学校で聞き、強烈な印象を受けていた川村湊も、一九四一年五月一一日の大関の日記にある「昼からすぐ、耕作機が田を打って居るのを見に行った。見物人が大勢来ていた。初めてこんなものを見た」という記述から太郎良の見解を大筋で認めつつも、「教師と生徒の魂の交流による合作」と、おおらかな結論に着地している。

ここでは、作者が大関か寒川かという議論には立ち入らない。ただ、乗用型トラクターに憧れていた大関や寒川が、それとはまったく異なる最先端の機械、歩行型トラクターを「初めて見る」ということはあり得るし、たとえそうでなくても、大関や寒川が抱いていたトラクターへの漠然とした憧れは、おそらく、ソ連の農業集団化に未来を見ていた荒畑寒村や中條百合子と同質のものであろう。

私有財産制度を廃棄し、共同で暮らし、共同で働く社会主義の像の象徴として、社会主義者たちを魅惑したトラクターは、社会主義革命が起きなかった日本でも現実に登場していく。トラクターをもたらしたのは革命ではなく戦争であった。戦争で人手不足が深刻化するなかで、政府がトラクターに着目する。こうした動向にもっとも敏感であったのは、革命家ではなく、小松製作所（現コマツ）であった。

小松製作所——農林省からの国産化要請

小松製作所は、もともとは農業機械のメーカーではなかった。一九二一年五月に竹内明太郎《たけうちめいたろう》（一八六〇—一九二八）が創業した鋳鉄・機械メーカーである。竹内は、国産初の自動車ダットサンの製作にも加わり、ダット＝脱兎（DAT）のTが竹内明太郎の苗字であることは有名な話である。石川県能美《のみ》郡国府《こくふ》村（現小松市）を拠点として創業した。

小松製作所は、国家との結びつきが非常に強い企業であった。

農林省は大正時代から農業生産に機械力を導入することに努力し、開墾用や溜池の築堤《ちくてい》工事に使用するため、トラクターと付属農具一式をアメリカから輸入し、埼玉県川口市にある農林省農用機械管理所に保管し、これを各府県や民間団体に貸与していた。昭和初期には、国際収支対策のため機械類の輸入を抑制する方針がとられ、トラクターの国産化が叫ばれるようになる。

小松製作所は、農用機械管理所の輸入トラクターや農具の修理を引き受けていた関係で、農林省から農業用トラクターの国産化を要請される。トラクターは、小松製作所の得意分野である鋳鉄をふんだんに使用するので、要請を引き受け、開発を始める。鋳鉄とは、摩耗《まもう》に強い鉄の種類で、鋼鉄よりも靭性に欠けるが硬いので、汎用性が高くさまざまな製品に使用されている。

5-2　1937年の満洲の実働協議会に参加した小松G25型（左）とG40型（右）

一九三〇年夏から、アメリカのキャタピラー社ガソリンエンジンの二トントラクターの研究を始めた。これをもとに一九三一年一〇月に試作第一号を製作、国産第一号を完成させる。小松製作所はエンジン製作の経験がなく、石川島自動車製作所（現いすゞ自動車）の一・五トントラック用エンジンを使用した。しかし、埼玉県の膝折《ひざおり》ゴルフ場での実用テストでエンジンがオーバーヒートを起こし失敗。つぎにエンジンを自社で設計して、試作二号機を作成、これはうまくいったので小松G25型トラクター（5-2）として陸軍軍馬補充部と宮城県庁に納入した。一九三二年から四三年まで合計二三八台を生産している。さらに、G40型（五〇馬力）も完成、開墾用として陸軍軍馬補充部で盛んに使用されたり、北陸地方の雪かきに利用されたり、樺太の立木抜根用に活用されたりした。

トラクターからブルドーザーへ

戦争にもトラクターが使用された。陸軍は、従来の軍馬牽引方式から特殊車牽引方式に切り替える趨勢にあり、小松製作所に特殊牽引車を注文する。小松製作所は、G40型を路上牽引に適するように改良し、一九三六年から四五年まで四二一台を生産している。

戦後、小松製作所は、ほとんどの従業員を解雇したあと、GHQ（連合国軍最高司令官総司令部）の命令に従い、北陸地方に残っていた兵器類の回収溶解をしていた。だが、戦後の食糧不足を解消するため、農林省は小松製作所に開墾用トラクターの製造を勧奨する。ちょうど、開拓五ヵ年計画を政府が実施する方針を立てたからである。一九四五年一二月、解雇者のなかから所用人員を再雇用して、農機具メーカーとして再出発する。

なぜ、小松製作所だったのか。これは当時の農林次官の河合良成（一八八六―一九七〇）が絡んでいたと小松製作所の社史は記している。富山県福光町《ふくみつまち》（現南砺《なんと》市）出身の河合は、農商務省の官僚時代に地元で米騒動が起こり、寺内正毅（一八五二―一九一九）内閣の総辞職とともに官僚を引責辞任していた。河合は、満洲国の顧問であった頃から小松製作所の社長中村税《みつぐ》（一八七六―一九六五）と懇意であり、その縁から、窮地に陥っていた小松製作所を救おうとトラクター製作を勧めたのである。

一九五一年四月には従業員は四二六九名に膨らんだが、五二年七月にGHQがガソリン供給停止命令を出したため、農林省が開拓計画を廃棄して、トラクター発注をすべて取り消す。小松製作所はトラクター生産の中止に追い込まれたのである。

それ以降、小松製作所は、農業用トラクターの製造で培った技術を生かし、今度はブルドーザーをはじめとする建設機械のメーカーとして脱皮を遂げていくことになる。

2　満洲国の「春の夢」

小松のD35

一九三二年三月一日、現在の中国東北部に、満洲国が誕生した。清朝最後の皇帝溥儀《ふぎ》（一九〇六－六七）を皇帝に擁し、日本の関東軍の主導で建設された傀儡国家は、この地域の資源確保が大きな目的であったが、農業開発も重要であった。

建国以前からすでに南満洲鉄道株式会社（満鉄）が満洲開発を進めてきたのだが、それと並行して鉄道周辺の農場への日本人移民も開始した。当時、関東軍によって地元を追われた農民たちなどが加わる「匪賊《ひぞく》」が日本人の村を襲撃することが多く、移民たちも武器を携帯し開拓に従事した。これを武装移民という。

しかし、武装移民による農地の開拓は大きな成果を収めることができず、代わりに、東京帝国大学や京都帝国大学の農学部と農林省の主導のもと一九二〇年代から進められてきた満洲移民運動が華々しく展開されていく。一九三六年の二・二六事件で移民反対派の高橋是清（一八五四－一九三六）が暗殺されたことが契機となって、ついに「満洲移民百万戸計画」が政府の公式の日程に上った。それは、不況と凶作に苦しむ日本の農村から、移民を満洲へと送り出し、一農家あたりの経営面積を拡大するという分村計画を含むものであった。一九三七年七月七日、まさに日中戦争の発火点となる盧溝橋事件の日に、第一次派遣団が海を渡る。

満鉄は、満洲国を、日本や植民地ではほとんど不可能であった機械化農業の実験場にしようとした。たしかに、一九二〇年に朝鮮中部の江原道で、第一次世界大戦時に捕虜となって名古屋収容所で生活していたドイツ人たちが、愛知産業株式会社とともに「蘭谷機械農場」を建設し、そこでドイツ製の蒸気犂を用いたという事例もみられた（三浦洋子『北部朝鮮・植民地時代のドイツ式大規模農場経営』）。二台の蒸気機関を用いてケーブルで犂を牽引するあの方式である。

さらに、台湾にもトラクターが導入されている。川野重任《かわのしげとう》はこう述べている。「台湾に旅した人は誰しも数千甲歩に亙《わた》る甘蔗《かんしょ》の波を、而《しこう》して数百万馬力のスティームプラウ、数十馬力のトラクターが大農場を縦横に疾駆驀進《しっくばくしん》する壮観と共に、営々として肥料を運び蔗茎《しょけい》を収穫する夥《おびただ》しい苦力の群を容易に想起するであらう。それは台湾のみが、わけても台湾に於ける糖業資本のみが誇示し得るところの農業資本主義の壮観である」（『台湾米穀経済論』）。

ただ、どちらの事例も、石炭を燃料とする蒸気機関を用いており、内燃機関のトラクターの導入にはいたっていない。むしろ、トラクターの実験は満洲国で進められていたのである。一九三七年五月、公主嶺にある満鉄農事試験場で、トラクターの実働競演会が開催された。ここには、日本から小松製作所のみが招かれ、そのほかには、アメリカのキャタピラー社をはじめ、スウェーデン、ドイツ、イギリス、ソ連などのメーカーによるトラクターが勢ぞろいしていた。

小松製作所の社史によれば、「当社のG40トラクタが性能、所要時間、仕上がり、操作などの点で抜群の成果を示した」と記している。ところが、G40は、重油を用いたディーゼルエンジン搭載のキャタピラー社のトラクター製品に比べ燃費が悪く、満洲国は、トラクターはすべてディーゼルエンジンのものを使用するように決定したという。小松はそれに触発されて、開拓地の要望に応えるかたちで、小松D35型を完成、これは日本初のディーゼルエンジンのトラクターとなった。

小松製作所は、注文が増えると見越して、石川県の粟津《あわづ》に工場を建設し一九三八年六月に操業を開始した。だが、満洲国の「満洲開拓計画がずさんであったため」結局七台のトラクターを送るのみにとどまった。D35型は、国内産のものもあわせて四七台の生産を終える。軍需製品の作成に追われたからだ。粟津工場も弾丸搾出《さくしゅつ》加工などを担うようになり、トラクターを生産する余裕がなくなっていったからである。

『新しき土』のG25

ちなみに、ナチス・ドイツと日本との合作映画『新しき土』（ドイツ語版のタイトルは『サムライの娘』でどちらも一九三七年に公開）には、小松製作所のトラクターが登場する。監督はアーノルト・ファンク（一八八九－一九七四）と伊丹万作（一九〇〇－四六）であった。

ドイツで農業技術を学び日本に戻った主人公は、日本の古い文化になじめず、許嫁《いいなずけ》の女性に冷たい態度をとってしまう。失望した女性は火山に身を投げることを決意。他方、主人公は、日本で日本の文化と風景の美しさに目覚め、一方で、いつまでたっても牛を使い、狭い土地で機械化できない日本の農業を変えたいと思うようになり、考えを改める。火山が爆発するなかで彼女を救った彼は、結局許嫁と結婚することになる、というストーリーである。

重要なのはラストシーンである。狭い水田で早乙女《さおとめ》たちが田植えをする場面から、突然満洲に舞台は変わる。小杉勇（一九〇四－八三）扮する主人公が満洲で小松製作所のG25トラクターを運転している（もう一つ、フォードソンに似た車輪型のトラクターが登場するが、メーカーは判別できない）。原節子（一九二〇－二〇一五）扮する妻は、主人公に乳児を渡し、彼は満洲の大地に子どもをそっと置く。それを側で眺めていた満蒙開拓青少年義勇軍の一員と思われる青年が顔を緩めたあと、引き締め直すところで映画は終わるのである。

トラクターは、これまで見てきたとおり、芸術作品、とりわけ詩と画像と映画によく取り上げられるが、満洲も例外ではなかった。満洲国のトラクターは写真雑誌にもしばしば掲載された。たとえば、「大陸に唄う——我等は農業機械化部隊」と題された『アサヒグラフ』一九三九年一一月二二日号の記事は、象徴的である。

「ポンポンポンポン　澄み切った北満の大空に心地よいエンジンの音が響く。／涯《はて》しなき沃野に開墾の鋤を入れ、一里四方もある燕麦《えんばく》畑に刈取機《バインダー》を曳《ひ》くトラクターの息吹である。／そしてこのハンドルを握る手は——これぞ我等が若き鍬の戦士、満蒙開拓青少年義勇軍」。このような記者のイントロの下に、実際の写真と、詩人白鳥省吾（一八九〇‐一九七三）のつぎのような詩が掲載されるのである。

「開墾」
耕せ深くまた広く
黒い大地に日の光り
吸うてふくらむ春の夢
轟き進むトラクター

満洲国では、たしかに農業機械化の実験が行われた。満鉄は、安東県に一五〇ヘクタールのトラクター機械農場を運営した。カリフォルニアで水田稲作経営をやっていた人物に三四〇〇円の年俸を払って、播種と刈り取り以外は機械を導入している。半分を直播《じかまき》、半分を田植えで、電気モーターのポンプで揚水をし、農場内にＭＴＳのような鉄工所を設けて技術者を置き、部品の取り替えや修理を行なうこともしていた。粗収入一六万円、純益四万円の成績を収めたという報告もある（吉岡金市『日本の農業』）。

しかし、「春の夢」はやはり夢でしかなかった。満洲国にはトラクターが全部で七〇〇台程度しか普及せず、もっぱら、満洲国に人々を魅惑させるためのプロパガンダの道具として利用された、と言ったほうがよいかもしれない。農作業の動力としても役畜や現地農民の労働力が使用され、乗用型トラクターの普及は進まなかったのである。

3　歩行型開発の悪戦苦闘――藤井康弘と米原清男

岡山からの挑戦――藤井康弘

いままで、戦前の日本とその勢力圏で、耕耘作業の機械化が進まなかったと述べてきたが、それは乗用型トラクターに限ってのことである。歩行型トラクターはすでにかなりの進歩を遂げ、それなりに普及をしていたからだ。岡山の農民、西崎浩（一八九七―一九八九）は、シマール社の歩行型トラクターの実演販売を見学し、それに刺激を受けて研究を始め、周囲から「狂人」と言われながらも、一九二五年、初めて国産の耕耘機を完成した。「丸二式自動耕耘機」と命名され、二八年一月七日、実用新案を登録している。

西崎が岡山の人間だったのは偶然ではない。戦前の日本の農業機械化の中心は、北海道ではなく、岡山だったからだ。それを象徴する人間が、藤井康弘（一九〇九-七七）である。彼の自叙伝『心の柱』に寄り添いながら、彼の試みを追っていきたい。

藤井康弘は、岡山県児島郡興除村《こじまぐんこうじょむら》（現岡山市）の自作農の出身である。一九二〇年六月二日、不況が押し寄せるなか、兄の新太郎が妹尾《せのお》駅前に藤井鉄工所を設立。絵が得意だった藤井は、機械に入れるマークを描くアルバイトに精を出した。

５-３　藤井康弘（1909-77）
歩行型トラクターの開発者．岡山県興除村出身．26年工芸学校卒業後，兄新太郎の営む藤井鉄工所に入社．33年藤井康弘商会，50年（株）藤井製作所を設立．72年第25回ヴェローナ農業機械博覧会で金メダルを受賞

興除村は干拓の村である。一八八四年、政商藤田伝三郎（一八四一-一九一二）が、児島湾五〇〇町歩の干拓を出願した。藤田は、山口県萩市の酒屋出身で、元奇兵隊士である。のちに関西を代表する財閥を作り上げ、彼の東京別邸は椿山荘に京都別邸は藤田ホテルにそれぞれ利用されることになる。大正期から、藤田組の指導で農業機械化が進められていたのだ。

いくつかの農業機械が投入されていたが、バーチカルポンプ（少ないエネルギーで大量に水を揚げるポンプ）はとくに役立った。広い平地であるため、絶えず田に水を供給しなくてはならない。精農家だった兄は、農業機械化に熱心で、未経験者の家に出向いて、ポンプを無償で修理していた。しかし、日に日に忙しくなるばかりで、自分の農作業さえ満足にできない。そこで、父の許しを得て農具専門の修理製作工場を建てたのである。一九二六年、藤井康弘は工芸高校を卒業し、兄の経営する藤井鉄工所に入社する。この時期、藤井鉄工所は、従業員八〇名を擁する岡山屈指の鉄工所になっていた。

藤井は、この鉄工所で働き石油発動機ウキコを設計したのち、国産の歩行型トラクター（彼は一貫して「耕うん機」と呼んでいる）の製作を夢見るようになる。児島湾干拓地は、稲作とイグサの二毛作を営む農家が多かった。イグサの刈り取りのあとの畑は、頑丈な根が土壌内に残っている。しかも、干拓地の重粘土質の土壌を掘り起こすのは重労働だった。藤井は機械の力で農民たちを解放したい、という思いにとらわれるようになる。

藤井は兄や同僚の反対を押し切って、歩行型トラクターの研究を始める。当時、スイスのシマール（藤井は「シーマ」と呼んでいる）社製の歩行型トラクターは、一台一〇〇〇〇円もするので、農家は購入できない。兄は、社員が仕事中の研究を禁止したため、藤井は、仕事が終わった後、こっそり歩行型トラクターの開発に勤《いそ》しんだ。

まずは、大阪で購入した中古のシマール社製歩行型トラクターを分解するところから始めた。これは、一九二三年頃から藤田農場でも使用されていたが、ヨーロッパの土壌と異なるため、うまく運転できなかった。鉄材だけでも、鋳鉄、軟鉄鋼、半硬鋼、特殊鋼を使用しており、これを揃えるだけでも多大な労力がかかる。そこで、藤井は、現在農家が持っている石油発動機を機体に取り付ける、という構造を考え始めた。

「幸運機」から「丈夫号」の誕生へ

岡山で農業機械化が進んだ理由はいくつかあるが、倉敷紡績の大原孫三郎（一八八〇－一九四三）のような、先端技術に関心のある資産家たちが周囲にいたこと、水路を使った運搬がなされ家畜をあまり使用しない農業が干拓地でみられたことのほかに、たたら製鉄の伝統があったことも重要だろう。

藤井康弘は、完成した歩行型トラクターの設計図をふところに、岡山県吉備郡阿曽村《きびぐんあぞむら》（現総社市）を訪れる。トラクター製作にどうしても必要な鋳物を作ってもらうためである。その昔阿曽村の周辺では「良質の砂鉄を産し、大きなタタラ場があり、中世においては製鉄業の栄えた土地」だった。阿曽の腕利きの鋳物師は、設計図を一瞥《いちべつ》し、しわがれた声で「引き受けましょう。まかせておきなさい」と言った。藤井は深々と頭を下げて帰ったという。

阿曽村の鋳物師の助けもあって、一九二七年一一月、耕うん機が完成する。しかしうまく動かず失敗に終わる。翌年三月、二号機が完成、これも無残な失敗に終わった。周囲の農民たちの視線は冷たかった。若手社員で、のちに藤井の会社の右腕となる佐藤繁太郎も、最初は「耕うん機、あれは西洋のこけおどしだ」と言っていたという。

当時、歩行型トラクターの呼び方はまちまちで、周囲では「田起こし機械」「機械牛ぐわ」などと呼ばれていたが、すぐに壊れる藤井のトラクターを見て、「ボロクター」と嘲笑《ちょうしょう》されたこともあったと回想している。さらに悪いことは続く。

一九二八年夏、藤井鉄工所は折からの不況で倒産する。兄新太郎は朝鮮へ渡り、全羅南《チョンラナン》道《ド》の栄山浦《ヨンサンポ》で、農機具の販売店を開く。藤井は設計を断念する。一家離散である。

しかし、藤井はあきらめきれなかった。なんとか研究を続けているうちに、井尻艶太《いじりつやた》という岡山の歩行型トラクター研究家が、井尻式トラクターを五〇台、研究材料として藤井に譲りたいと申し出てくれた。結局、四〇円という破格の値段で購入する。このように、児島湾干拓地には数多くの野鍛冶《のかじ》が住み、それぞれに農業機械の研究を続けていた。その「無名の人」の蓄積が藤井の技術革新の原動力となっていく。

今度は幸運が続く。興除村の資産家の土谷という人物から、預金通帳と実印が与えられ、「好きなだけ使え」という援助の申し出があったのである。また、大阪の水田鉄工所で発動機の研究をすることが許された。住まいも準備してくれるという。引っ越すまえの一九三二年一月に結婚し、彼は大阪で製作に打ち込むことになる。

一九三二年一一月、二馬力半の耕うん機を製作。三号機である。この日本初のロータリー式歩行型トラクターも成功とは言いがたいが、まずまずの動きをした。「幸運機」と命名する。「こいつは幸運機でも、機械牛でもない、コワレ機や」という農民の声を、藤井はやはり覚えている。

一九三三年、藤井康弘商会を創設し、本格的に研究開発に乗り出す。同年、岡山で日本最初の耕耘機競技大会が開催され、全国から一五の参加者がやってきた。藤井の耕うん機は第一位となり、買い手が押し寄せるようになる。藤井は、さらに改良を重ね、できた耕うん機を「丈夫号《ますらお》」と命名。一九三五年四月の興除村での動力耕耘機競技会で丈夫号は登場し、上位の成績を収めた。これを朝鮮の兄にも送った。郡山《クンサン》で開催された朝鮮第一回農機具展示会に出品し、丈夫号に人気が集中したという。一九三九年には、農林省の耕耘機比較審査で一位。北海道の農家の強い要求で三馬力の耕うん機を製造した。このように、歩行型トラクターは植民地や北海道でも使われるようになるのである。

一九四三年五月、藤井は、軍と県の命令で、三菱重工業水島工場の監督工場の管理人になる。戦時中に軍需産業にかかわるのは、トラクター技師の常道である。戦闘機の部品を作る工場の監督をしたが、検査に落ちる部品が少なく、何回か表彰を受けたと自叙伝で記している。

島倉千代子の富士耕うん機

敗戦後、再び農業機械業界が脚光を浴びる。一九四九年四月には、三馬力の歩行型トラクターを製作。かなりの高品質に仕上がった。「ますらお号という名前は、戦争中のにおいが残っていて、いやな感じだな」という藤井に、佐藤は「富士の山みたいに、日本一であって欲しい……。富士号としてはどうだろう」と提案し、「富士耕うん機乙型」という名称に落ち着く。藤井は、富士号の広告にも力を入れた。藤井が自ら作詞をした「富士耕運車の歌」はこんな詩である。

理想に備えて備前に
ひらめく旗のもとに
愛と熱とで鍛えたる
けだかき富士の耕運車

光輝にみちて山河に
こだます爆音は
新しき時代の宝
けだかき富士の耕運車

どんどん作りじゃんじゃん
売れる耕運機

世界の誇る精鋭は
けだかき富士の耕運車

第一連と第二連に見られる耕うん機メーカーとしての誇り高い理念から一転して、第三連で「じゃんじゃん売れる」と突然俗っぽくなるところが微笑ましい。とにかく、一九五三年に、当時のスターであった島倉千代子（一九三八－二〇一三）にこの歌をうたって宣伝してもらうほどにまで、藤井は昇り詰めたのである。

一九四九年、農林省主催の耕耘機比較審査会が児島郡藤田村で行われる。乙型は、速力一位、総合二位であった。「快速一位」という新聞記事の見出しが躍り、一挙に買い手がつく。静岡県富士市と三島市、北海道旭川市、福岡県久留米市などに販売代理店を置き、販売。その後も順調に日本各地に代理店を増やし、得意先を増やしていった。一九四九年一一月、妻が破傷風で三五歳の若さで亡くなり、しばらく塞《ふさ》ぎ込んでしまうが、翌月、悲しみのなかで株式会社藤井製作所を設立。右腕だった佐藤繁太郎を副社長に据えた。

快挙はつづく。秩父宮（一九〇二－五三）と勢津子《せつこ》妃（一九〇九－九五）が藤井製作所に見学に訪れる。しかも、秩父宮は、御殿場の農場で「冨士耕うん機」を一台購入した。藤井は、運転してみせる。勢津子妃は「こんな機械が普及すると、農家の人たちの生活や心にもゆとりが生まれますね」と声をかけてくれたという。

「味と香りのある耕うん機」

一九五二年九月、ゴム車輪の耕うん機が完成。エンジンは五馬力である。この冨士耕うん機P型は、ゴムタイヤ付きのアリス＝チャルマーズのWC型のように、画期的な歩行型トラクターであった。女性でも快適に運転しやすいように自動車で使用するようなタイヤを付けて売ってみたが、買い手からうまくいかない、滑る、という不満が伝えられる。そこで、藤井は、「ゴム車輪に高い山をつくり、その山が土を抱きつつ先にすすむように工夫すれば、すべりを防止できる」と考え、作らせて、購入者に無償で配布したのである。

さらに、一九五八年から極秘で試作研究をしてきた冨士耕うん機PH型を、五九年一月に発表。タイヤの間隔を指一本で自由に調整できる装置のある、九馬力の耕うん機は、業界に一大センセーションを巻き起こした。

ちなみに、藤井は、アメリカを視察し、大型機械を見たとき、アメリカの機械化には違和感を覚えたようだ。「機械はあくまで人間が使うものであり、機械に使われる農業は発展することができない。目的と手段とを取り違えてはならぬという通念は、人間と機械の関係にもあてはまる」。むしろ、藤井は、「日本人と日本の風土にマッチした、味と香りのある耕うん機をつくりたい」と決意をする。

ちょうど日本政府は、農業機械化の法的整備を進めていた。一九五三年には農業機械化促進法、一九六一年には農業基本法が制定される。「自立農家」「選択的拡大」が謳われ、農業構造改善事業が進められた。どちらも農業機械化を誘導する法律であった。一九六八年から、田植え、代掻《しろか》き、収穫、脱穀、乾燥すべての作業を包摂するいわゆる「稲作機械化一貫体系」が構築される。「耕うん機はいくらでも売れた」と藤井は当時のことを振り返る。

そんななかで、ヤンマーディーゼルとの販売提携が始まる。ヤンマーについては後述するが、最終的には、高知、静岡、福岡各県の農機メーカーとともにヤンマー農機に一元化され、藤井製作所のあった岡山県に、ヤンマー農機の本社が置かれることになる。なお、藤井は、特許七九五件を取得し、イタリアのヴェローナで開催された国際農業機械博覧会金賞を受賞した。

岡山と韓国を結ぶ歩行型トラクター

藤井康弘商会の「丈夫号」が植民地期朝鮮で使用されたことはすでに述べたが、戦後になると岡山の歩行型トラクターは大韓民国の勃興に大きな役割を果たす。

泉水英計《せんすいひでかず》の研究によれば、縁結びの役割を果たしたのは、フォレスト・ピッツ（一九二四―二〇一四）というアメリカ人地理学者であった。コロラド州の山間部の農家で育った彼は、第二次世界大戦末期に海軍に入り、日本語を学ぶ。戦後、世界各地の情報を、科学者を動員して収集する体制を整えていたアメリカは、ミシガン大学の地理学教室に日本研究の拠点を築くが、除隊したピッツはちょうどその教室に所属していた。この研究室は、日本の出張所を岡山に置き、瀬戸内海のフィールドワークに従事することになる。

ピッツが博士論文の対象とした香川県でも、岡山の歩行型トラクターが使用されていた。少ない降水量を溜池施設によって克服し、限られた農地のなかで、夏に稲を育て、冬に麦を育てる高度な二毛作体系を歩行型トラクターによって支えていた。ほかのミシガン大学の研究者も、岡山県の児島湾干拓地を研究し、歩行型トラクターの導入過程をつぶさに研究していた。

ピッツは、アメリカに戻って論文を仕上げてから、今度は韓国語を学び、一九六〇年夏に復興部経済開発委員会顧問団の一員としてソウルを訪れる。農村地域を巡見するなかで、ロータリー式の歩行型トラクターや「園芸用のアメリカ製回転式耕耘機」を見つけたり、農業研究施設の倉庫で日本製の歩行型トラクターが保管されているのを発見したりするなかで、香川県で活躍していた歩行型トラクターを韓国に導入する計画に着手することになる。

戦後の韓国政府は、一九五七年に歩行型トラクターを数台購入していたが、本格的な生産が始まるのは、一九六一年に韓国の政治家・官僚・農学者が岡山の視察に行ってからである。ピッツが「お膳立て」をしたこの視察を受け、一九六三年から、三菱と提携した大同工業とヤンマーと提携した新一機械工業を中心に国産歩行型トラクターは量産体制に入り、一九六〇年代後半から急速に韓国農村に普及し始める。朴正熙《パクチョンヒ》（一九一七－七九）によって進められた一九七〇年代のセマウル運動（新しい村運動）で、歩行型トラクターはさらに普及した。

ただ、興味深いのは、泉水の研究によると、歩行型トラクターはかならずしも耕耘だけでなく、運転免許が不要な自家用車あるいは運搬車としても使用されていたという。これは、本書でも述べた中国のチェン村の場合とよく似ている。また、「韓国のハンドトラクターの父」と紹介されることもあったピッツは、若い農夫から「朝鮮赤牛と農家の生態学的な絆」がトラクターの導入で断ち切られると批判を受けたこともあったという。

ソ連の援助のもとで、金日成（一九一二-九四）の唱えた主体農法を核としつつ、大型の乗用型トラクターを用いて、MTSにあたる「農機械作業所」を拠点に集団化を進めた朝鮮民主主義人民共和国とは異なり（洪達善『朝鮮社会主義農業論』）、韓国はまず日本と同様に歩行型トラクターの普及からスタートする。このトラクターの位置づけの鮮烈なコントラストは、東アジアの冷戦を象徴しているといえよう。

島根からの挑戦——米原清男

岡山県と同様に、たたらで有名な島根県仁多郡亀嵩村《にたぐんかめだけ》（現奥出雲町）でも、歩行型トラクターに情熱を注ぐ一人の人間がいた。米原清男（一八九九-一九九一）である。亀嵩村は、松本清張（一九〇九-九二）の『砂の器』の舞台として有名である。米原は、農家の長男であり、牛で田を耕していた。冬は、鉄穴場《かんなば》（砂鉄採取場）の仕事へ向かった。たたら製鉄の原料の

5-4　米原清男（1899-1991）
歩行型トラクターの開発者．島根県亀嵩村出身．38年自宅の納屋に工場設立，トラクター開発に従事．吉岡金市の支援を受け，48年多目的歩行型トラクターを完成．47，54年に亀嵩村議会議長，54年末には村長に

砂鉄を含む土砂を採取する仕事である。

ここでは、米原の伝記を元に、もう一つの歩行型トラクター誕生の歴史を追い、藤井の事例とあわせて歩行型トラクター開発の日本の独自性と、海外との類似性について考えてみたい。

画家志望であった米原は一度東京に出たが断念。帰郷後、農家の長男として牛耕をしていた自身の経験から、機械による耕耘ができないかと考え始め、一九一九年に着手する。しかし、急性の腎臓病で、農作業ができなくなり、一九二一年、仁多郡横田村の出雲算盤《いずもそろばん》株式会社に機械部の技術員として入社。休業状態になるまでの四年間働くことになる。ここで彼は、機械製作に役立つ基本的な技能を身につけ、これがのちのトラクター開発に役立つことになる。一九二五年以降、松江銀行三成《みなり》支店、亀嵩村信用組合に勤め、三六年に組合を退職してから、米原は一貫して「運」を名前に入れた耕運機の開発を目指す。「運」という字には、耕すだけでなく、運搬もできるジェネラル・トラクターを作りたいという米原の思いが込められている。

画家志望であったのと、砂鉄から鉄をつくるたたらが近いことは、藤井康弘との興味をそそる共通点であるが、もちろん、藤井のことを知らぬまま、耕運機の研究に勤しむ。

米原は、伝統産業である算盤製造で培った技術力と天性の手先の器用さによって、幾度の失敗を乗り越え、一九三八年に自宅の納屋に工場を設立、四〇年、耕運機を完成し自宅で発表する。これが好評を博し、島根県農事試験場でも実演。性能試験を受けた。一九四一年四月一四日、岡山で開かれた全国動力耕耘機実演展覧会にも出場している。

伝記ではつぎのように記す。「駆進部と耕耘部が別々の機構より成り、着脱自在の耕耘機は、耕耘機の先進県岡山を含め、全国広しといえども、米原式をおいて、他に一台もなかった」。米原の知名度が一気に上がり、大阪の中島機械製作所から声がかかったり、高松宮（一九〇五–八七）から発明助成金五〇〇〇円が下賜《かし》されたりした。さらに戦争中の労働力不足のなかで、島根県経済部農務課から、三〇台の耕運機を受注する。米原は、工場を亀嵩村の自宅から仁多郡の中心に位置する三成村に移している途中、さらに、大阪市の中央貿易株式会社の仲介で、日本の占領地ジャワの貿易商社から五〇台の耕運機の注文が入る。そこで、知遇を得て、大阪郊外の鉄工所で部品製作に取り組み、注文に応えていく。

だが、一九四四年五月、米原の工場も軍需省の指定工場になり、飛行機の部品である操舵《そうだ》桿《かん》の製作を命じられる。米原は、耕運機の生産をストップせざるをえなくなった。軍需工場で米原は八時間労働の三交代制を敷き、優秀な製品を作り、当局者を驚かしたという。

戦後の万能トラクターへ

敗戦から二年経った一九四七年、しばらく動力脱穀機の製作をしていた米原に農林省に来るよう電報が届く。電報の主は、倉敷労働科学研究所で働く農業機械の専門家である吉岡金市《よしおかきんいち》（一九〇二―八六）であった。吉岡は戦前から米原の耕運機を高く評価していた。今回は、GHQの指令で歩行型トラクターの研究が必要になってきたので、米原にそれを早急に作ってほしい、という依頼であった。

藤井の「耕うん機」と異なり、米原の「耕運機」は、耕耘、砕土、整地、代掻き、中耕、畦立て、揚水、運搬などさまざまな農作業に対応できる歩行型トラクターであった。一九四八年四月七日、戦後第二号機を完成した。倉敷の吉岡のまえで実演し、吉岡に証明書を書いてもらった。

米原の耕運機を初めて世に紹介したのも吉岡である。吉岡は、一九四九年に「なんにでも利用できる――小型万能トラクター」（『若い農業』二月号）という記事を執筆している。

> もし耕すことが機械にできるようになったら、どんなに楽になることだろう――それは日本の働く農民の切なる希望であると同時に、悲しいあきらめの言葉でもあったのであるが、いよいよ日本でも機械で耕作することができるようになったのである。〔中略〕／日本でも、自動耕耘機はすでに昭和五年頃から岡山県で実用化されはじめ、戦争中に

人間の労働力と畜力の不足のために急速に発展して、昭和一六年には全国で約一万台ぐらい普及したのであるが、それはただ、耕耘、整地を機械でするだけで、播種から中耕除草を経て収穫までを一貫して、その機械で作業できるものではなかった。〔中略〕今度できあがった米原清男氏の発明考案にかかる小型自動耕耘機は、機体の幅がわずかに一尺三寸で一尺五寸の作条間を自由に使用できるばかりでなく、原動機と作業機が分離できるから、作業機と取り替えれば、播種から収穫までのいっさいの作業が機械化されることができうる。なおそのうえに、原動機は脱穀調整のような定置作業に使用できるばかりでなく、トロリーをひかせれば、運搬作業にも利用できる。

5-5　吉岡金市(1902-86)
岡山県出部村出身．京都帝大農学部農林経済学科卒．倉敷労働科学研究所員，岡山理科大教授，金沢経済大学長など歴任．直播による稲作機械化，共同作業，共同炊事の指導に関わる．イタイイタイ病の原因解明にも尽力

アメリカのＩＨ社のファーモールを思い起こしてみよう。ロークロップ・トラクターであるファーモールも、米原式小型万能トラクターのように、畝間で中耕作業ができる優れものであった。つまり、アメリカで辿った乗用型トラクターの技術革新を、日本でもそれを意識しないまま、歩行型トラクターによってなぞったわけである。

吉岡は、米原を褒め称える。「米原氏は、

5-6　米原清男の「ゼネラル・トラクター」(1949年)

大正一三年以来日本的な小型動力耕耘機の発明、考案に精進し、氏のもてるすべてを、健康までも耕耘機の完成のために、ささげつくして、ついにたぐいまれな、すぐれた日本的な万能トラクターをつくりあげたのである」

しかし、米原は、一九五四年に亀嵩村の村長に指名され、トラクターの研究・開発から遠のくことになる。彼の孫にあたる米原博徳《ひろのり》さんは、米原清男が自分の作ったトラクターを使っている光景を覚えている。博徳さんの話によれば、酒を飲まず、物静かで謙虚な人物で周囲の人望も厚かったという。トラクターの開発についてまわりがいくら褒めても、本人はいたって冷静だった。

藤井康弘と米原清男。二人には、農家出身、失敗に挫《くじ》けない強い精神力、画家志望、たたら製鉄の盛んな地域の出身などいくつもの共通点がある。彼らの歴史は、これまで描いていた世界のトラクター開発者とも共通点が多い。農村出身で、農作業の苦労を知り、戦時には軍需産業に携わり、伝統的な技術をおろそかにしない——。このことは、トラクターの世界史に広く見られる共通点である。

女性経済学者の体験

ローカルな発明家たちが作り上げた歩行型トラクターは、多くの女性たちの心をとらえた。シベリア鉄道でウラル山脈のトラクター工場を目にしてきた中條百合子は、一九三四年宮本顕治（一九〇八－二〇〇七）と結婚し、宮本百合子と改姓していたが、日中戦争以降、労働力不足が深刻化する日本で歩行型トラクターの普及を訴えていた。

彼女はこう述べている。日中戦争以来の人手不足で、老人、女性、子どもが重要な労働力となっている。「明日の農村の希望は零細な耕地の整理と資材の問題の解決とともに耕作が益々《ますます》機械化されてゆかなければならないことである。日本型トラクターの能率は馬耕の二倍、人耕の一二倍で、しかも反当りの費用は人耕の四円五三銭に比べて僅か一円九五銭ですむ」。この場合、零細な耕地の整理とはソ連のような農業の集団化を含意している。

三瓶孝子《さんぺいこうこ》（一九〇五－七八）は、日本の女性で初めて経済史の本を書いた福島県出身の経済学者である。三瓶は、一九四〇年末から四一年末まで、栃木県北部の農村に滞在した「見聞録」である『農村記』（一九四三）を出版しているが、ここに歩行型トラクターが登場する。戦前の記録としては珍しい。

三瓶が滞在した村は、足尾鉱毒事件によって鉱毒が流された地域であり、産業は農業と織物業が中心である。戦争で、成年男子が農村から離れ労働力不足になるなかで、女性たちを中心に、食糧増産を試みようとする。労力を省くために共同作業や共同炊事と並んで、「トラクター」を導入している。機織りの担い手は女性であって、村のなかでも女性の発言力が強いのが特徴である。三瓶はつぎのように記す。

5-7　栃木県の歩行型トラクター（1941年頃）

稲を刈ったあとは、小麦を蒔くために土を耕さなければならない。土を起したり砕いたりするのは人手を使わずに、これらの作業を一度にする廣瀬式自動耕耘機（普通トラクターという。耕耘機がトラクターと一緒に連結している）という機械をいれた。石油発動機二馬力半のもので、一度このトラクターを走らせれば、巾二尺五寸位、深さ五寸ほど、一一三米の長さを六、七分で耕耘する。運転手一人。これは機械といっても小さいもので、私が運転して見たら、発動機のエンジンの動揺が身体中にひびいて、頬の筋肉までブルブルする。運転手もなかなか容易ではない。

こんな機械でも農民は見たことがないので、見物人はおすなおすなの賑いであった。道ばたに腰をおろして「ホウ偉いもんだね」「一たい、この機械はどの位するんだんべい」と驚き眺めたり、砕土された土を手に取って見て感心したりするオッさんもいた。

男性が歩いてトラクターを操作している写真も貼ってある（5-7）。興味深いのは、三瓶が、アメリカのアートリーが乗車型トラクターであるフォードソンに乗ったときと同じように、頬の筋肉が震えるほどと強いエンジンの振動を感じたことである。

ホンダ旋風——ワンボディと半値の衝撃

ところで、「廣瀬式自動耕耘機」というのは、石川県白山《はくさん》市出身の発明家廣瀬與吉（一八九〇-一九四四）の開発した歩行型トラクターである。廣瀬はほかにも脱穀機や籾摺《もみす》り機を開発している。一九三八年に、「耕耘機推進装置」で特許も取得している。

実は、島根の米原清男が一九三九年に「耕耘機」を特許申請したとき、廣瀬のこの装置と似ているという理由で、却下されていた。米原の歩行型トラクターは廣瀬のそれとは異なり、農地の凸凹にあわせて柔軟に土を掘ることができる仕組みになっていたので、米原の代理人は、繰り返し特許局に説明したが拒絶され、最終的に特許ではなく「実用新案」として不本意ながら登録している。廣瀬はもちろん、これ以外にも有用な農機具を発明しており、日本の農業技術の発展を支えた一人として位置づけられる。

戦後も歩行型トラクターは、日本農業で重要な地位を占めつづける。藤井製作所の富士耕うん機はその代表格であった。だが、一九五九年、歩行型トラクター業界に衝撃が走る。四月一八日、本田技研工業浜松製作所で新型耕耘機F150が発表されたからだ。これは農機具業界で「ホンダ旋風」と呼ばれた。

F150の特徴は、ワンボディ型であること、価格が従来の半値に近い値段であったことの二点であった。ワンボディ型とは、藤井康弘も米原清男も考えてこなかった方式である。

これまでは、農業用エンジンを耕耘機本体に搭載して、ベルトで伝導することが通常であった。ところが、F150は、エンジンをギアボックスに直結した歩行型トラクターだった。オートバイの技術の蓄積をトラクター開発に生かし、徹底した合理的生産方式によって価格を下げたのである。エンジンの質はいうまでもなく、スタイルも洗練されていて、市場でも高評価を得て、プラモデルにもなったほどである。

5-8　ホンダF150

4　機械化・反機械化論争

機械化批判——日本の独自性の主張

日本でもアメリカやソ連と同様に、トラクターを含む農業機械について論争があった。とりわけ、農学者たちのあいだではそれが激化した。とくに農本主義的な感性を持つ学者たちは機械導入に対して慎重であり、近代主義的な学者は農業機械導入に積極的であった。

まずは、慎重派の意見を聞いてみよう。

日本的な農学の構築を目指し、東京農業大学を創設、その学長を務めた横井時敬《ときよし》（一八六〇－一九二七）は遺作『小農に関する研究』（一九二七）のなかで、こう述べている。「器械と人力と、その各速力の差の外、機能に大なる相違あることも認めねばならぬ、耕耘その他に対して、変化自由にして、精巧なるは人力の長所である、これに対して、往々整一正確であるのが、器械の特徴である、これ等の点は単に速力のみの比較によって、能率を論ぜんと擬するの不可なるをいうものである」（『小農に関する研究』）。

また、京都帝国大学農学部農林経済学科大槻正男（一八九五－一九八〇）は、岡山県興除村を視察して、「耕耘行程機械化の問題」という記事を『農業と経済』（一九三九年六月号）に掲載している。大槻は、興除村の村民たちは、灌漑《かんがい》用のポンプに石油発動機を使っていたので、機械化に慣れていたこと、ここのトラクターは、発動機をポンプにも使用できる着脱可能なものであることを的確に見抜いている。

そのうえで、興除村の村落形態が散居型であり、それがとくに「婦人」の孤立を招いているのではないか、と推測する。つまり、機械化が可能なような広い耕地は日本では珍しく、そんな耕地で機械化を導入するのは例外的であって、しかも、そんな広い土地で暮らすことはあまり幸せではない、という疑似相関的な論を展開しているのである。

また、耕耘作業を機械化するには、まだ技術が未熟である。とくに、雨が多く、多湿な日本では、重い機械を導入することが難しく、牛を使うほうが安全である。畝立ても牛でないとできない、と述べている。

たしかに畝立て作物に対応可能な歩行型トラクターは、戦後の米原の「耕運機」の登場を待たねばならないし、湿地帯であることが機械化の進行を妨げているという指摘は、日本の機械化批判の核心部分であった。欧米とは異なるゆえに、日本的な農法体系が必要だ、という論調が、大槻正男の興除村批判の背後にある。

また、大槻正男の同僚である橋本伝左衛門(一八八七―一九七七)も、機械化に対し批判的であったが、その態度は戦後も大きく変わることはなかった。リヒャルト・クルチモウスキー(一八七五―一九六〇)の『農学の哲学』(一九一九)を翻訳した橋本伝左衛門は、一九五四年の改訂された訳書のあとがきのなかで、機械化推進論者たちを、名指しを避けながらこう批判している。

〔機械化大農論の主張者〕曰く、封建的小農は、機械化大農に比して生産力劣り、労働生産性も低く、かつ地主や富農層の搾取圧迫から解放されることは不可能である。にもかかわらず、この革新時代において、かつて軍国主義の手段に供せられた小農制を、将来もなお温存せんとする小農論は、依然として封建性の殻からぬけ切らぬところの、逆コース以外の何ものでもない、と毒づくのである。ここにあえて毒づくという。何となれば、われわれが機械化大経営を不可なりとするゆえんは、わが日本に与えられた環境条件ないし歴史的事情のもとにおいては、機械化大経営を一般化することは技術的に不可能であり、少くとも国民経済および経営経済の双方に対して非常に不利であると信ずるからであって、〔中略〕一部論者のように、農業恐慌説や機械化必須論をひっさげて、好景気が下向きになって前途を案じ出して来た農民に宣伝し、農業組織のコルホーズ化をはかり、これをてことし、わが国に共産革命の導入を企図するものに対しては、われわれはその不可であり、また不可能であることを、力説せざるを得ないのである。

小農にフィットした農業機械化には賛成だと留保をしつつも、このような機械化批判をする橋本は、「天地返し」という、鋤で土壌を深く掘れ、という肉体収奪的な農法を提唱する加藤完治（一八八四-一九六七）の農本主義的考え方に共鳴し、加藤とともに満洲移民運動を率いた。彼らはたしかに満洲国にはトラクターがあるという宣伝をほとんどしなかった。むしろ、日本人農民の勤勉さを持ち出し、それが指導的な立場として他の民族を指導するのだ、という態度を貫く。

吉岡金市の機械化論

こんなふうに毒づかれてしまっては、農業機械化論者も黙ってはいられない。その先鋒こそが、米原清男を評価した吉岡金市であった。吉岡は戦後、ソ連公式のミチューリン農法を支持した親ソ派知識人として、あるいはイタイイタイ病の原因を突き止めた研究者の一人としても有名である。

吉岡は、「土地問題が機械化を阻害している」という発言から、一九四三年一〇月に治安維持法違反の嫌疑で特高に逮捕された経験を持っている。吉岡は、一九三九年に刊行された『日本農業の機械化』の戦後復刊版の解題で、反機械化論者を痛烈に批判している。

周知のように昭和初期の興除村は、一〇〇年ばかり前に干拓された重粘土地で、犂で深く耕すと耕土は大きな土塊《どれき》になって、砕土が極めて困難になり、牛馬耕時代にも、いかに浅耕するかに農民は苦心を重ねてきたところである。そのような生産農民の苦労を知らない学者や技師が、自動耕耘の欠点として浅耕をあげつらうのは、チャンチャラおかしい限りであった。〔中略〕「聖なる鍬を以て深く耕せ」という「内原の聖者」の教えが、いかに馬鹿げた「日本精神」であるかを、科学的に理解していたから、浅耕論には少しもおどろかなかったし、もし深耕が絶対に必要なものならば、馬力を強くすれば、いくらでも深耕することができるではないか。

吉岡はさらに具体的な数値を出して反駁《はんばく》を試みる。「反当僅《わずか》に一・五〜二時間を要するのみ。一日の実作業時間を八時間とすれば、作業者一人一日の耕耘整地反別は、秋田県の馬耕では僅に五畝歩であるが、岡山県の自動耕耘機では四〜五反歩で、自動耕耘機は、馬耕に比して殆ど十倍の能率をあげ得ている」

「内原の聖者」、すなわち橋本や加藤らの内原グループの農業機械化批判にもかかわらず、戦時中の政府も岡山県での試みに注目していた。一九三八年七月に、企画院産業部が『小型自動耕耘機ニ就テ』という小冊子を発行している。これは、歩行型トラクターの岡山県立農事試験場調査報告の複製であるが、例言として「労力の不足に伴い農業の機械化の提唱さる折柄、時宜を得たる一資料と思考し」たと述べている。

ここでは、藤井式を含む岡山県内の五つの歩行型トラクターに共通する構造、使用法、価格、消耗品の単価などを調べている。結論として、この報告書は、土質や作物の種類によって成績の相違に差異は生まれるにせよ、「比較的乾燥せる田地又は耕耘砕土後直ちに播種、植付（例えば裏作として麦類の作付等）を行う地方及び畑地利用には好適なるべし。／耕耘経費に於ても人力の場合に比し遥かに少く経済上の見地よりするも不足労力補給の目的よりするも本機利用を有利とすべし」と高い評価を与えている。

トラクターと直播を組み合わせた農業を提唱していた吉岡の思いは、史料上は国家中枢にも届いていたのである。直播であれば、田を灌水して代掻きをする作業を省くことができ、トラクターの弱点である水の張った田での作業を避けることができるため、吉岡は戦前から戦後にいたるまで、ずっと直播農業の実験を繰り返し、岡山を中心に普及活動をしてきたのである。

中本たか子の描いた吉岡金市

吉岡金市は、文学者の心をもとらえていた。

中本たか子は、オルグ活動で逮捕と釈放を繰り返した作家だが、『よきひと』(一九四〇)という自伝的小説を書いている。ここに、吉岡がモデルの男性が登場する。吉岡自身が戦後に認めているのだが、これは「櫻井」という研究者で、農村の指導者である。『よきひと』のなかで櫻井は『日本農業労働と機械化』という本を主人公の糸井章子に捧げているが、この本のモデルが吉岡の執筆した『日本農業の機械化』であることは疑い得ない。中本は櫻井の相貌をこう描いている。「色の浅黒い彼の顔は、農民らしい質朴さと、農業研究において日本に独自な立場を打ちたてている学者らしい篤実《とくじつ》さが見え」る。

小説のなかで、櫻井は、神奈川県のK部落で共同作業、共同炊事を実践するための指導に明け暮れている。K村で櫻井は、労働力不足を克服するために、トラクターを導入して、「耕地の交換分合」も視野に入れつつ、共同作業を目指そうとする。「農民たちよりも一足はやく東天の紅を望んで朝露をふみわけつつ田圃へ出、雨も陽もいとわずに真黒になって働き、指導し、夕は農民たちとともに星あかりを頼りに家へ帰る」櫻井の勤勉さに、主人公の作家、糸井章子は惹かれていく。

糸井は、一度堕胎をして発狂した経験を持つ作家である。農家に生まれたこともあって農村改良に関心を持ち、櫻井の行動に憧憬《しょうけい》の念を抱いていた。だが、櫻井にはない、若さと芳醇さを漲《みなぎ》らせるＳＫ（産業組合のことであろう）の活動家三島に恋心を寄せ、友人から三島を奪い、彼との恋愛に溺れる。しかし、年齢の相違に苦しみ抜き、最後は三島と櫻井との深くも精神的な交流をつづけることを決意する。終盤では、農村の共同作業と共同炊事の推進に、新しい歴史の展開を感じながら、自分の荒ぶる心を徐々に落ち着かせていく。そして、そこに登場するのがトラクターなのである。

糸井は、ラストシーンで、櫻井が指導したＫ村を訪れる。そこで、作男から小作人になった「鶴さん」と再会する。鶴さんは人一倍の働き者で、機械好きだ。鶴さんは、櫻井の教え子である柿村とともに糸井にトラクターを見せる。

　トラクターはリヤカー位の大きさで、それに二馬力半の石油発動機をのせて自動するものである。三〇馬力とかの大農式トラクターに比べれば、玩具のように小さいであろう。だが、それが農村に機械耕作のかぜを吹き入れる最初のポイントであるということに、大きな歴史がのしかかり、それを支えるこの小さな機械に、感謝したいような、同情したいようなしみじみとした親しみを感じた。鶴さんは、恋人に向うような眼の輝きをもって、トラクターを愛撫するように、油で拭きつつその使い方を説明した。

描写から推測すると、このトラクターは乗用型ではなく、歩行型であろう。トラクターは鶴さんの操縦によって「はじめて生々と一匹の動物になってゆく」と中本たか子は表現している。トラクターを愛撫する鶴さんにとってこの機械はもはや単なる機械ではない。

乗用型トラクターの黎明期に農民たちがこの機械を動物に喩え、移行期の精神的衝撃を和らげてきた例は、アメリカ、ソ連、ドイツ、中国でもみられたが、それは歩行型トラクターでも変わらない。それどころか、トラクターへの「恋」は、社会的矛盾のみならず精神的・思想的矛盾をも癒しさえする。そのように『よきひと』は示しているように思える。

世界史的な位置づけという意味でもう一言加えるならば、ここで登場するトラクターも、単なる機械化の進歩を意味するのではない。宮本百合子や三瓶孝子のように、「支那事変」下で労働力不足が深刻化するなか、共同炊事や共同作業の試みにソ連的な集団化の日本的展開を見ているのである。

「決戦体制」と「東亜農業」と農業機械

さらにいえば、この展開は、吉岡にとって「東亜全体」でもなされるべきものであった。一九四四年三月に刊行された吉岡の『日本の農業――その特質と省力農法』では、「大東亜戦争に於ける戦線の拡大とその戦果の高揚」のなかで、「戦力増強」が求められるいま、農業機械化の進展が必須であると論じている。その理由として、吉岡は三点挙げている。

第一に、労働力不足下の農村女性の状況の深刻化である。ますます前線が拡大し、兵器産業に人間と馬が動員されるなか、女性への負担は大きくなっている。女性は、子どもを産み育てるという重要な役割があるが、筋力を用いる馬耕や負担の大きい農作業のなかで、健康状態も悪化している。農業機械化は、そういった農村の健康問題、母性の保護の意味でも重要だ、と述べる。

第二に、満洲国では、土地が乾きやすい上に、水が十分に行き渡らない箇所がある。たとえば、吉林《きつりん》の白山子《はくさんし》という日本人開拓団では、水不足のため稲籾の直播が試みられた。一度目は灌水が早すぎたために失敗したが、二度目は七月中旬に水を入れて成功した。吉岡は現地に視察をして、タイミングを間違わなければ、直播稲作が満洲でも有効であると強調している。

第三に、「兵の機械化を農の機械化によって裏付け」なければならないからである。戦争がますます機械化するなかで、兵士のかなりの部分を占める農村出身者に前線と軍需工業での機械の知識が求められている。よって、「農業労働技術水準を高度化して、農業労働者と工業労働者の質を等しく」しなくてはならない。この吉岡の主張は、ナチ時代ドイツの景気研究所の経済学者が述べた、農業機械化が「農村新兵の国防的有用性の増大」をもたらすという視点とまったく同じである。

吉岡の農業機械化論は、軍事力によって勢力圏を拡大している日本帝国の状況にも適合したのである。

5 日本企業の席巻――クボタ、ヤンマー、イセキ、三菱農機

国産乗用型トラクター

農業機械化促進法、農業基本法を経て、農業近代化資金のシステムも整うなかで、日本の農機具メーカーは、乗用型トラクターの開発も進めていく。

とはいえ、日本の乗用型トラクターの中心は一五馬力から二〇馬力、ゆえに、たとえば、北海道の畑作地帯などで必要なそれ以上の馬力のものは、海外のトラクターメーカーが日本の農機具企業と提携して販売した。クボタはイタリアのフィアット社、ヤンマーはアメリカのディア&カンパニー社、イセキはドイツのポルシェ社、解消後はチェコスロヴァキアのゼトル社と契約した。現在は、三菱農機はインドのマヒンドラ&マヒンドラ社と業務提携をし、三菱マヒンドラ農機という名前に変わっている。IH社は、自社の販売網によって日本に代

理店を置き、販売した。

ここでは、現在もトラクターの生産のトップ四である、クボタ（大阪府）、ヤンマー農機（岡山県）、イセキ（愛媛県）、三菱農機（島根県）の展開を追ってみたい。

①クボタ

一八九〇年二月、久保田権四郎（一八七〇-一九五九）が鋳物メーカー「大出鋳物所」を創業した。コレラなどの伝染病が流行るなかで、水道整備が急がれた時代、その波にのって鋳鉄管を製造する。これが久保田鉄工所の前身である。一九二〇年代から石油発動機を製造し、一九四七年には「耕うん機」と名付けられた歩行型トラクターを開発している。

一九六〇年、国産初の畑作用乗用トラクターT15、六二年には水田用乗用トラクターL15Rを開発した。まさに、農業基本法の流れのなかで、乗用型トラクターを売り出したのである。一九七一年には、世界最小の水冷・直列二気筒のディーゼルエンジンを搭載し、四輪駆動を用いた小型乗用型トラクター「ブルトラ」シリーズを発売。これが、久保田鉄工所のベストセラー商品となる。

久保田鉄工所のトラクター史で特筆すべきなのは、一九七〇年三月から大阪吹田市で開催された日本万国博覧会で「クボタ館」を出展したことである。ここで、「夢のトラクタ」を展示した（5-9）。乗用車のようなデザインのトラクターは、運転席の居住性と快適性が特徴であり、とても興味深い。

さらに海外進出の積極性である。一九五一年にはロータリー式の歩行型トラクターK3Bを台湾に初輸出し、五四年に「台湾クボタサービスステーション」を設置、技術指導とアフターサービスを強化した結果、一九六〇年までに久保田鉄工のトラクターの普及数は一五〇〇台を超えている。一九五三年にはビルマに農業機械を輸出。これは、ビルマに対する戦時賠償を技術援助に置き換えることで工業化を促すプロジェクトに接続され、歩行型トラクターは「四輪トラック」「三輪トラック」「家電」と並んで現地生産プロジェクトの一つに数えられた。

5-9　クボタの「夢のトラクタ」

一九五七年にはブラジルに「マルキュウ農業機械有限会社」を創設し、六二年には「ブラジル久保田鉄工有限会社」と改名、六六年にはブラジル政府の歩行型トラクター国産一〇〇%達成を担った。ほかにもインドネシア、タイ、フィリピン、カナダ、インドなどにも進出している。

一九九〇年、創業一〇〇周年を迎え、社名をクボタに変更し、現在、日本で一位、世界で第三位の農機具メーカーに成長している。

②ヤンマー

山岡孫吉の小型ディーゼル機関

ヤンマーの創業者、山岡孫吉《まごきち》（一八八八―一九六二）は滋賀県の貧農の息子であった。山岡が、母親が売った米一俵代三円六〇銭を握り、仕事を見つけるため大阪に出た話は有名である。大阪でガスモーターのブローカーをやっているうちに実際にモーターを製作したいと思うようになり、一九一二年三月に山岡発動機工作所を創業。児島干拓地の農場に立ち寄り、バーチカルポンプのエンジンからもヒントを得て、農業用の小型石油エンジンの製作を思いつく。このとき、商標を「ヤンマー」としたのである。

小島直記『エンジン一代――山岡孫吉伝』によれば、かつて農民の父親が「トンボがたくさん飛んどる、きっと豊作やで……」とトンボの数で豊凶を占っていたことを思い出し、「トンボ印」で新聞に広告を出していた。だが、静岡の醤油製造機器メーカーが同じ商標を登録していたので商標侵害問題になり、もめている最中、同郷の部下の一人が、日本の別名「秋津洲《あきつしま》」を「蜻蛉洲」と書く故事を引っ張り出し、それならいっそトンボの親分である「ヤンマ」を使ったらどうかという話になり、言いやすさから語尾を伸ばす「ヤンマー」が採用されたという。

ドイツ渡航中にディーゼル機関に出会い、日本に戻って社員たちとその小型化を進める。

同じ内燃機関でも、ディーゼルエンジンは、ガソリンエンジンよりも燃費がよいが、大型機械に適していた。小型のディーゼル機関が未開発のなか、山岡は、一九三三年一二月に、小型汎用高速ディーゼルエンジンの製作に世界で初めて成功した。これを「HB型」ディーゼルエンジンという。

小型であればそれだけ安価になり、小規模の農業経営者でも利用できるようになる。大型のディーゼル機関を使ったトラクターはすでに小松製作所によって製作されていたが、日本列島の狭い地形にあう小型の乗用型トラクターはほとんど製作されていなかった。山岡の試みは、一九六〇年代に日本を席巻することになる小型ディーゼルトラクターの地ならしとなったと言ってよいだろう。

なお、山岡は、ルードルフ・ディーゼルを深く尊敬していた。ディーゼルがドイツで高く評価されていないことに不満を抱いていた山岡は、一九五七年一〇月六日、ディーゼルの出生地であるアウクスブルクに、彼の顕彰のため建築家の坂倉準三(一九〇一-六九)が設計した枯山水《かれさんすい》の「ディーゼル記念石庭苑」と、菊池一雄(一九〇八-八五)の彫刻によるディーゼルのレリーフを献上した。この中央の巨石には「ディーゼル博士、あなたはいまもなお、日本のすみずみいたるところに生きています」という山岡の献辞がドイツ語で刻まれている。

ヤンマーは宣伝力にも長《た》けていた。一九五九年六月、「ヤン坊マー坊天気予報」の放送がスタートする。同年二月に完成していた「ヤン坊マー坊の唄」とともに、お茶の間に流れ、ヤンマーのイメージアップに貢献した。「ヤン坊マー坊の唄」の作詞は、弘報課の能勢英男（一九二三-二〇〇七）で、作曲は、『りんご追分』『三六五歩のマーチ』で有名な米山正夫（一九一二-八五）であった。

さらに同じ作詞作曲のコンビでヤンマーはもう一つの印象深い歌を残す。一九七九年に発表された、小林旭が歌う「赤いトラクター」（能勢英男作詞／米山正夫作曲／小杉仁三編曲）である。

風に逆らう　俺の気持を
知っているのか　赤いトラクター
燃える男の　赤いトラクター
それがお前だぜ　いつも仲間だぜ
さあ行こう　さあ行こう
地平線に立つものは
俺たち　二人じゃないか

忘れちゃったぜ　奴のことなど
甘い都会の過ぎた日のことは
燃える男の　赤いトラクター
それがお前だぜ　いつも仲間だぜ
さあ行こう　さあ行こう
この大地の　ふところに
さがそう　二人の花を

草の香りが　俺は好きだぜ
踏まれながらに　つよく生きていく
燃える男の　赤いトラクター
それが男だぜ　それが男だぜ
さあ行こう　さあ行こう
仕事こそは　限りない
男の命じゃないか

トラクターの世界史のなかで、エルヴィスに対抗できるのは、日本ではアキラをおいてほかにいない。「マイトガイ」と呼ばれ銀幕で一世を風靡《ふうび》した小林旭の高めの歌声に乗って、ヤンマーのトラクターは日本中に普及した。

女性を排除した男性とトラクターのみの「二人」の関係性は、暑苦しいとしか言いようがない。だが、一方で、当時まだ東北地方では一般的であった農家の出稼ぎや、あいつぐ離農という歴史的背景も浮かび上がる歌詞である。

なお、このヤンマーグループに二〇〇九年に合併されたヤンマー農機の源流の一つが藤井製作所であり、ヤンマー農機の本社が岡山にあるのは、こうした歴史に由来する。

ヤンマーは、現在、タイ、マレーシア、インドネシア、アメリカ、ブラジル、中国など海外にも積極的に進出している。

③イセキ

イセキは、一九二六年八月、愛媛県松山市で井関邦三郎（一八九九－一九七〇）が創業した「井関農具商会」がその源流である。井関邦三郎は、松山市の大野商店の中耕除草機を特約販売するところから農機具に関心を持ち、とくに脱穀調整の機械の販売を進めていった。愛媛県の発明家たちの農具を改良しながら、徐々に拡大し、東洋農機株式会社の設立と解散を経たのち、一九三六年三月、「井関農機株式会社」を設立。籾摺機と麦摺機を主要製品として売り出すことになった。さらに、自動送込脱穀機の開発に着手し、「キセキ」のマークは日本中で見られるようになる。

日中戦争後の歩行型トラクター熱のなかで、井関農機もその開発に着手するが、うまくいかず、戦時中はほかの農機具メーカーと同様に植民地や満洲国向けに農機具を販売したり、「井関航空兵器製作所」を設置して軍需産業に一部転身したりした。

敗戦後、籾摺機や自動脱穀機の量産体制を作り上げるべく、一九四九年に三菱重工業熊本機器製作所の工場を買い取った。

耕耘機の製作は、井関農機の歴史のなかでは、遅れて始まった。もともと籾摺機と脱穀機の会社として有名だった井関農機が「耕耘機」、すなわち歩行型トラクターの分野に参入するのは社長井関邦三郎の夢であったが、社内で三日三晩の激論が闘わされたという。井関邦三郎は、「日本一の農機メーカー、日本のインターになること」が夢だと述べた。インターとは、アメリカのIH社のことである。そのためにも、今後の日本農業に欠くことのできない歩行型トラクターの開発に進みたいと熱弁をふるい、周囲の慎重論を押し切って、一九五一年六月に歩行型トラクターの研究に着手する。すでに藤井の冨士耕うん機が日本を席巻していた頃である。

井関農機は研究の末に、一九五三年、KA1型を完成させる。故障しにくい有能な歩行型トラクターであり、厳しい競争に参入する目処がたったのである。本田技研のF150のショックを経て、ワンボックスタイプの歩行型トラクターも生産し、農業基本法以降は、乗用型トラクターの開発にも乗り出す。

一九六三年にはポルシェ社と業務提携をし、大型トラクターはポルシェ社の製品の販売代理契約をした。ただ、ポルシェ社はトラクター生産を中止したことから一九六六年一月には提携を円満解消している。社史によると、イセキはその後もポルシェ社の「設計思想」を自社のトラクター製作に生かした、という。同年八月には、チェコスロヴァキアのゼトル社と契約し、TZ3011（三七馬力）、TZ4011（四九・五馬力）、TZ50S（五四・五馬力）、六七年からはTZ6711（六八馬力）、TZ8011（八五馬力）など日本のメーカーが苦手とする大型の乗用型トラクターを輸入し、北海道を中心に販売し始めた。

イセキの名を轟《とどろ》かせたのは、TB20型である。一九六六年九月に秋田県八郎潟干拓地で行われたトラクター性能試験でのことである。干拓地の緩い地盤で、つぎつぎに沈没していく外国製トラクターを尻目に、ポルシェ社の技術を生かした二〇馬力、二気筒のディーゼルエンジンを搭載したTB20型は、履帯を装備していたこともあり、沈むことなく正常に運転する。また、翌年八月には、佐々木功（一九二四-二〇一七）率いる京都大学農学部トラクター研究会が「高所におけるエンジン性能」「傾斜角と走行性の関係」を研究するため、TB20型を使って富士山の登山にチャレンジし、見事登頂したのである。この成功は、テレビでも取り上げられ、イセキの地位はさらに高まった。

海外でも高評価を得て、たとえば、台湾で生産されたK20型のトラクターは、食糧増産に貢献した功績ゆえに、「中華民国五八年」（一九六九年）の記念硬貨に描かれている。

ほかにも、ブラジル、インドネシア、マレーシア、インド、中国、パキスタン、ベルギー、アメリカなどにも進出し、一定の地位を得ている。

④三菱農機（現三菱マヒンドラ農機）

一九一四年六月、島根県意宇郡《おうぐん》揖屋村《いやむら》（現松江市）の佐藤忠次郎（一八八七―一九四四）は、回転式稲扱機《いなこき》を開発する。自転車に乗ったまま稲穂の実る田のまえで転んだときに、くるくると回転するタイヤが稲穂を引っ掛けているのを見て、思いついたアイディアであった。

一九一七年に中耕除草機を作り、成功を収める。一九四五年、佐藤造機を創業した。「サトー」の愛称で親しまれ、歩行型トラクターも製作していたと言われている。

一九八〇年に三菱機器販売株式会社と合併し、三菱農機となる。二〇一五年五月には、インド最大手の自動車産業で、トラクターのメーカーでもあるマヒンドラ&マヒンドラ社と戦略的協業で合意し、同年一〇月に、マヒンドラ&マヒンドラ社は、三菱農機の株式を三三・三%取得して、名称も三菱マヒンドラ農機に変更した。本社は松江市にある。現在は、タイ、マレーシア、カンボジア、ポルトガル、アメリカ、韓国などに進出している。

なお、これら四つの企業が、日本の農村に根ざしていくときに重要なのは、販売員と営業所であった。芦田祐介の岡山県勝北地方の聞き取り調査によると、故障したときにすぐに修理に駆けつけてくれたり、営農の相談に乗ってくれたりする販売員のアフターケアの質が、農民たちが企業を信頼するかどうかの試金石となった。

トラクターの歴史にとって、アフターケアは、アメリカでも販売店が担い、ソ連や東ドイツなどではMTSが担っていたが、それぞれ性格が異なったことはすでに述べたとおりである。日本の販売員は、より農家と濃密であり、集落の有力者に販売の協力者になってもらって口コミしてもらったり、農家の不満をすくい上げて集約し、開発に活かしたり、何も用事がなくても農家に上がり込んで話をし、いろいろな情報を得て、営業に生かしたりということもなされた。よって、日本の農業機械化でしばしば批判される「過剰投資」や「機械化貧乏」という側面は、単に企業側の問題だけでなく、個人、集落、行政などが複雑に絡んだ結果であるという芦田の主張は傾聴に値する。

危険な乗り物

日本のトラクター史を閉じるにあたって、トラクターの事故について触れておきたい。トラクターは、その開発当初から、世界で事故を誘発した。それは現在でも変わらない。『トラクターの機能と基本操作』は、乗用型トラクターの事故が、多少の変動はあるものの、全体として増えつづけ、一九九七年には一六〇件を超えている日本の現状を伝えている。このマニュアルは、トラクター事故の割合が「欧米先進国に比べて」日本が高い理由として、転落、転倒のほかに、事故に対する防止装置の設置が徹底していないことを挙げている。日本の山間部の狭い農地と細い畦《あぜ》という理由も考えなくてはならない。

寡占のためもともとの価格が高めに設定され、これ以上価格を上昇させないため開発の段階で安全対策に資金が投入されにくい農業機械は、道路のアスファルトを固めるバイブロプレートや振動ローラのような土木作業機械とならんで、もっとも危険な作業機械の一つである。だが、それと同様に重要なのは、事故多発の「間接的要因」として「集中力の低下など、作業者の心理的・社会的要素」も挙げられていることだ。

この問題に正面から取り組んだ研究がある。農業機械工学の専門家である芝野保徳は、「近代農作業は肉体労働から厳しい騒音環境下での精神活動に移行する」という問題意識から、『農業機械・施設の騒音が作業者の作業能率・精度に及ぼす影響』(一九九三)という研究報告書をまとめている。

耕耘機が発する騒音をカセットテープに録音し、同じ大きさの音を流す環境下で、被験者にスタンプ押しをやってもらう。その作業能率と精度と疲労度を、作業の成績と心拍数の変化を調べることで数値化した結果を、芝野はつぎのようにまとめている。

騒音の種類よりもむしろ音の大きさによって、「作業者の能率・精度ともに確実に低下して」いた。さらに、「疲労度については、明らかに被験者の個体差があるが、被験者両名とも、騒音の大きさが増大するにつれて、その疲労度が増加して」いることを確認したとも述べている。

芝野は、振動については触れていないが、騒音に振動が加わることで、被験者の疲労度はさらに増大することは想像に難くないだろう。これまで本書で挙げてきたトラクター経験のなかで、振動と騒音に触れる内容が非常に多いのがその証拠である。

さらに、先の結果とともに、芝野の「精神活動」という言葉に着目したい。芝野は、農業機械を操ることを精神の活動であるとしている。トラクターに乗車すると、運転操作に慣れれば慣れるほど、それだけますます騒音と振動から逃れられなくなる。農民は、短期間でトラクターを操作し、それに没頭するうちに、機械を制御していると思いこみがちであり、そのなかで身体への断続的なダメージを意識する暇がない。その分だけ、騒音と振動によって作業者の体にじわじわと働きかける意識しづらい疲労は、体内に蓄積し、運転手の集中力を奪い、最悪の場合、最愛の家族の轢死《れきし》にまで発展する。

もちろん、振動と騒音は、疲労の最大の原因というわけではない。休息をとらないことや、四六時中四方八方に気を配ることと比べれば、振動や騒音は、疲労を増幅させる一因にすぎない。けれども、前者は、運転者の訓練によってある程度抑制できるのに対し、振動と騒音はどんなに訓練してもけっして逃れることができない。この「逃れ難さ」こそ、トラクターがもたらす疲労の特徴である。

トラクター事故で目立つのは、北海道である。伊藤紀克「トラクター事故に対する農民の意識」（『日農医誌』三九巻二号）によれば、一九八八年にトラクター乗車中の死亡事故が四〇件あったという。農業災害の五三・三％がトラクター事故であり、トラクターのオペレーターへのアンケート調査でも、「ヒヤリ運転」ありと答えた人が六六・〇七％、「運転中に眠気を感じたことがある」と答えた人が八九・六七％いたという。

原因は、寝不足、故障の多さに加え、教育や講習を受けなくても運転が認められていることが指摘されている。トラクターは圃場《ほじょう》内で運転するかぎり、運転免許証は必要ない。しかし、乗用車よりも重く、また、転倒しやすいため、本来であれば、ヒントンが中国で試みたように、基礎知識の習得と訓練が必要である。そのうえ、トラクターはスピードが自動車よりも遅く、眠気を誘発しやすい。北海道のトラクター死亡事故の原因を分析した伊藤紀克は、眠気対策として、睡眠をしっかりとったり、ガムを嚙んだり、コーヒーを飲んだりする以外に、高い声で歌をうたうことを勧めている。筆者はトラクターの騒音が労作歌を駆逐していく過程について論じたことがあるが（「耕す体のリズムとノイズ」）、トラクターにも「労作歌」が必要だという珍しい主張で興味深い。

トラクターは現在も世界中で事故を引き起こしている。舗装道路ではなく、凸凹のある耕地が主な仕事場である以上、故障や転倒が起きやすいのは事実である。

終章　機械が変えた歴史の土壌

トラクターとは何だったのか

トラクターの轍《わだち》から眺める世界史は、高校までに習った世界史とどこまで異なった風景を見せただろうか。

読者諸氏の判断に仰ぐしかないが、少なくとも、トラクター誕生の背景に蒸気機関の農機具の発達があったこと、第一次世界大戦期の戦車の登場の背景に履帯トラクターの開発があったこと、独ソ戦ではトラクター工場で造られた戦車が活躍したこと、戦前日本の岡山での歩行型トラクターの開発史の背景に、ソ連の農業集団化の憧れがあったこと、トラクター誕生の衝撃はヒトラー、レーニン、スターリン、毛沢東にも及んだこと。つまり、資本主義陣営と社会主義陣営の壁はトラクターの歴史から眺めるとそれほど高くも厚くもなかったこと、こうした歴史を、トラクターは教えてくれる。

また、トラクターという機械の歴史は、経済史や技術史といった枠組みを超えて、文化の領域に溶け込んでいたことも、本書で明らかにしようとしたことである。エイゼンシュテインの映画『全線』、プリイェフの映画『トラクター運転手たち』、ボブ・アートリーの漫画、スタインベックの小説『怒りのぶどう』、アーノルト・ファンクと伊丹万作の映画『新しき土』、中本たか子の小説『よきひと』、三瓶孝子のルポルタージュ『農村記』、レヴィツカの小説『ウクライナ語版トラクター小史』、そして、大関松三郎と寒川道夫の「合作」の詩「ぼくらの村」、白鳥省吾の詩「開墾」、藤井康弘の「冨士耕運車の歌」、能勢英男の「赤いトラクター」から、新中国で女性トラクター運転手によって歌われていたものまで、多くの作品や歌にトラクターは登場し、あたかも生きものであるかのように活写された。

それらの作品のなかで、トラクターという文字は未来を表現していた。それのみならず、文化表現の想像力を耕し、未来社会像を牽引する役割を果たしていた。物質と精神、トラクターは、この二つを融合させることで、ようやくトラクターであり得たのである。

ここでは、以上の内容を踏まえたうえで、さらに以下の四つの問題について考え、本書を閉じたい。

第一に、トラクターは、その蒸気機関の誕生以来の夢、すなわち、二〇世紀の農民を辛い労働から解放することができたのか。トラクターは人間を自由にしたと言えるのか。

第二に、トラクターは、二〇世紀の政治にどうかかわったのか。

第三に、トラクターの開発、使用のために費やされたコストは、農業の発展によって十分に支払われたのか否か。

第四に、トラクターは今後、どのような展開を遂げるのか。

もちろん、筆者の能力の限界ゆえに、トラクターの歴史を網羅することはできなかったし、すべての国のトラクターを追うこともできなかったが、本書で論じた範囲内で以上の問いに挑んでみたい。

人間を自由にしたか

トラクターは、いろいろな自由を人間にもたらした。

トラクターは、役畜の世話、長時間の耕耘労働、農作業の疲れ、そういったものから、人間たちを解放した。耕地を歩く距離も減り、一人で耕すことのできる面積が増え、農村に余暇をもたらしたのである。農業生産力を高め、人々を都市に向かわせ、人口を人類史上では例外といえるほどまでに増やすことに貢献した。トラクターが、近代の果実を人々にもたらしたこと、それ自体は否定しようがない。

他方、『ウクライナ語版トラクター小史』で、トラクター技師ニコライは、こんなメッセージによって彼の「トラクター小史」を閉じている。「技術者が開発したテクノロジーはおおいに活用すべし。ただし謙虚な心と内省をゆめゆめ忘るべからず。テクノロジーに支配されてはならず、テクノロジーを征服の手段にしてはならない」

人間がトラクターを支配するだけでなく、トラクターに支配された面、あるいは、トラクターによって何かを支配した面とはどういうものか。三点ほど挙げてみよう。

第一に、女性に自由を与えることができたのか、という問いを欠かしてはいけない。トラクターは、その性質からいって、農業を女性に解放できるポテンシャルを持っていたはずだった。だが、R・C・ウィリアムズが述べているように、それは実現されず、アメリカや日本のみならず、女性トラクター運転手を称揚したソ連でさえも、戦時中の労働力不足の時代を唯一の例外として、トラクターはやはり男のものでありつづけた。中国でもそれは変わらなかった。戦後の世界で事実上のトップを走った日本のトラクター業界でも「女」が後景に退《しりぞ》きがちであり、「燃える男」と「赤いトラクター」の「二人」の世界を描いた歌が、小林旭の声でお茶の間に流れたのである。芦田祐介は、「ジェンダー関係の再生産装置」と農業機械を見ているが、それはこうした文脈にある。

第二に、秩父宮勢津子妃は、藤井康弘に「こんな機械が普及すると、農家の人たちの生活や心にもゆとりが生まれますね」と言ったが、これも果たしてそうだったのか、問わねばならない。たしかに、トラクターの耕耘は、牛馬耕よりも農民たちに余暇を与えたかもしれない。心のゆとりが生まれたこともけっして否定できない。だが、当然ながら、農業機械購入のローンを組むこととセットであった。近代化資金の整備によって、馬力の大きなトラクターでも農民たちの手に届くようになった。だが、「機械化貧乏」という日本で用いられた言葉が示しているように、借金からは逃れられなくなる。それが新たな仕事を生み、余暇は消えていく、という悪循環に陥ることもある。

第三に、「ダストボウル」などのアメリカの土壌浸食や土壌劣化を生み出したトラクターと化学肥料のパッケージは、そのまま戦後はアフリカに輸出された。アフリカの沙漠化の原因は、すべてこのパッケージによるものではないにせよ、植林によって防げる種類の問題ではない。耕地の沙漠化をどう止めるかを考えなくては根本的な解決にはいたらない。

国際政治経済学を専門とする勝俣誠によると、「南アフリカの東ケープ州政府は、二〇〇二年から黒人の小生産者を対象として、種子、化学肥料、農薬、耕耘機レンタル料をセットにした「食料増産」という名の支援パッケージを開始した」という。この種子には遺伝子組み換え作物も含まれていて、その種子にのみ有効な農薬を購入させられる。アフリカの農業に関しての勝俣のつぎの言葉は、まさに耕耘機などの農業技術をもたらす「北」の国が装う中立性を批判している。

「外から持ち込まれた新テクノロジーを大量投入すれば、一挙に増産が見込まれるといった「ビッグバン型変革」は、その成果が現れないと、対象とされた農民よりも圧倒的な発言力を持つ国際機関や援助国の側が、農民の無知や動機の不足などに責任を転嫁することさえある。その結果、そもそも外部からの介入の仕方そのものが、地域の実情に適合していなかったのではないかという反省が見落とされてしまう」（傍点は著者）。

たしかに、トラクターは農民たちに夢も誇りも自由も与えたが、それだけではない。農民たちに新たな縛りを与えている。その事実を、ゆめゆめ忘れてはならない。

二〇世紀の政治との関係

二〇世紀の政治史とトラクターの関係を振り返ると、トラクター自体が政治を動かしたというよりも、トラクターが提示する大規模農業への夢が政治を動かした、というほうがより正しい説明の仕方であろう。

ルードルフ・ディーゼルの息子、オイゲン・ディーゼルが一九五四年九月にヤンマー本社での講演でこんなことを言っていたという。

小さい蒸気機関の熱利用率は二%、否、それより低いことで、言い換えれば小型蒸気機関は大型機関に較べて一馬力、一時間当り三倍から五倍、石炭を多く消費することにあります。従って大企業家または資本家は、小企業者または手工業者が、機械力を利用する場合に較べて、三分の一乃至《ないし》五分の一の費用で単位馬力を使い得たのであります。こんな理由から、小企業者は多くの場合、到底競争出来なくなり、幾多の貴重な小規模事業は壊滅するに到りました。近代社会主義の基礎的文献とも称すべき『共産党宣言』はこの時代、即《すなわ》ち一八四七年から四八年の間に社会的危機の表れとして、発表されたのであります。私自身としては、もしも小型・中型蒸気機関が大型機関と同様な効率をあげておったならば、すなわち各国小企業も大企業と同様に機械力の経済的恩恵をうけられたならば、けっして《共産党宣言》はこんなかたちで書かれなかったに違いないと考えております。（『燃料報国』）

わたしたちの食と農の世界は、現在、機械のみならず、種子、肥料、農薬、流通、小売などさまざまな分野が、巨大で少数の企業の力に覆われている。巨大さを求める思考形態は、二〇世紀を支配した考え方の一つであった。その一つの兆候は農業機械化にあった。トラクターは、社会主義陣営にせよ、資本主義陣営にせよ、農場を巨大化し、自身も大きくしていった。R・C・ウィリアムズが、アメリカのトラクター史の最後に、「トラクターは、ジェファーソンの小農主義とは相容れない。むしろ、レーニンの考えとマッチしている」と述べたのも、あながち誇張ではない。

『怒りのぶどう』が克明に描いたように、トラクターによる、農地の大規模化と農村労働力の減少は、二〇世紀のエンクロージャー（囲い込み）とも言えるダイナミズムがあった。ただし、それは、トマス・モア（一四七八－一五三五）が告発したような耕地を羊の放牧地に変える第一次エンクロージャーでもなく、イギリス議会の法律に基づき強制的に勧められたノーフォーク農法の普及と穀物生産地の整理拡大をもたらした第二次エンクロージャーとも少し異なる。どちらのエンクロージャーとも、膨大な農民たちを土地から切り離した点で共通しているが、本書で扱ったトラクターのエンクロージャーは、イギリスではなくアメリカを震源とし、資本主義国の高度化だけでなく、その国々への社会主義国の急速なキャッチアップを可能にした。しかもそれは、工業によって農業そのものを囲い込む第三次エンクロージャーではないだろうか。

つまり、農民を大量に土地から切り離し、それを化学産業やIT産業を始めとする二〇世紀に新しく形成された労働市場に送り込んだだけでなく、農業そのものを農地の外からの管理作業に変え、人類史から消滅させる試みの始まり、とみることもできないだろうか。

オイゲン・ディーゼルとヤンマーのもたらした小型ディーゼルエンジンも、そして、ラ・ピッコラやアリス＝チャルマーズB型のような小型のトラクターも、本来、中小規模の工場や農場が大規模経営と対等にわたりあい、生き残るための道具であったはずだ。しかし、トラクターは、結局のところ、大型化し、中小規模経営の農業からの撤退を早めることに貢献したことは、ディーゼルの時代にはまだ明らかにされてはいなかった。

ただ、本書が明らかにしたのは、機械の大型化に向かう「力」は、けっして大企業の一方的な力などではなく、農民たちの夢、競争心、愛国心、集落の規制、大学の研究、行政の指導と分かち難く結びついた網のようになっており、だからこそ、根強く、変更が難しいのである。

無視できない社会的費用

経済学者の宇沢弘文（一九二八―二〇一四）が『自動車の社会的費用』（一九七四）で投げかけた問題は、自動車をそのままトラクターに言い換えても当てはまる議論である。

自動車のもたらす社会的費用は、具体的には、交通事故、犯罪、公害、環境破壊というかたちをとってあらわれるが、いずれも、健康、安全歩行などという市民の基本的権利を侵害し、しかも人々に不可逆的な損失を与えるものが多い。このように大きな社会的費用の発生に対して、自動車の便益を享受する人々は、わずかしかその費用を負担していない。

「トラクターの社会的費用」、つまり、環境破壊、石油の採掘、事故の多発、運転手への健康の影響などを考えると、トラクターの社会的費用は相当に大きいといわざるをえない。実際、みずからもトラクターを操り、農業を営むR・C・ウィリアムズは、トラクターがもたらす利益はそのコストに見合っていない、という結論を出している。

ダストボウルにみられる土壌浸食は、現在も世界中の農民を悩ませており、各国政府も土壌保全のために多額の税金を投入している。それに対するトラクターの罪は軽くない。また、トラクター事故も多い。PTOに衣服を巻き込まれたり、狭い農地を運転している最中に転倒したり、自動車の交通事故よりは目立たないにせよ、現場では問題になっている。振動と騒音の問題も、かなり長期的に身体的影響を与えるもので、しかも、体調が悪いときには、事故が起こりやすい。

また、トラクターが運転しやすい土地を整備するためには、圃場整備の費用がかかる。それは水利の整備にもかかわる。現地の農民ももちろん拠出するし、地方自治体や国家も援助する。石油も掘り続けなくてはならない。自動車と同様に、トラクターはインフラストラクチャーの整備と燃料の安定的供給を前提として、初めて効力を発揮するのである。

そしてなにより、トラクターは戦車にもなる。この技術転用は誰にも止められない。止められない以上、戦争による人間と自然の徹底的な破壊もまた、トラクターの社会的費用の無視できない部分である。

トラクターがロボットになる日

「スマート農業」という掛け声が聞かれるようになった。ロボット技術や情報通信技術（ICT）を活用した次世代農業のことである。二〇一三年一一月、農林水産省は「スマート農業の実現に向けた研究会」を発足させた。担い手不足のなかで、農業を担う技術の更新。そんな言葉が躍っている。とりわけ、無人型トラクターの研究開発には莫大な研究資金がつけられ、各国各メーカーが競って、GPSを使ったトラクター制御システムを開発している。

農業からますます人間は退場し始めている。耕耘、刈取、脱穀、調整、すべての農作業が工業にますます近づいている。人間の生命を担う営みが、全自動化することに眉をひそめる人も少なくないだろう。

ただ、トラクター生誕から一二〇年の歴史を眺めてみると、無人型トラクターの夢は、一五〇年前に蒸気トラクターに抱いた夢と、そして、一〇〇年前に内燃機関のトラクターに対してかけた期待とほとんど変わらない。一八四五年に掲載されたカリカチュアで新聞を読んでいた男は、現在の私たちそのものの姿である。私たちは、アダムの呪いから解き放たれるべく、肉体労働から逃避したいと農業技術を発達させてきた。トラクターはその最終段階で登場した機械である。だから、東ドイツのトラクターには「召使」という名前が付けられた。労働者に奉仕すべき召使。農業の全自動化は、誰かがわたしたちに与えたプレゼントではなくて、わたしたちが望み、摑《つか》み取った夢である。

けれども、その夢が本当に実現したい夢なのかどうかは、いまなお検討に値する。というのも、第一に、人類は、これだけの長いあいだ土とたわむれる欲望や習慣を捨て去ったことがないからである。土の世界に魅惑されてきたわたしたちが農業の全自動化で失うものはやはり小さくない。

第二に、トラクターの世界史には、いまだ実現されなかった「夢」が存在するからである。それは、トラクターの共有という夢である。日本では、集落営農のかたちで機械共有の試みがあらわれているといえるかもしれない。国有か私有かという二項対立図式によって機械の共有という道は世界史のなかで顧みられなくなっていた。そう考えると、生活の共同とセットで機械の共同利用を考えた三瓶孝子の視点は、ソ連の現実を知らなかったからであるとはいえ、やはりたいへん貴重であった。

振動の激しい歩行型トラクターの進歩を、彼女はそれだけで賞賛しているのではない。農業機械化は共同炊事や共同育児と不可分であった。そのはざまで複数の人間が一つのトラクターを共有するという道は、ソ連や中国のような強圧的な集団化でもなく、また、アメリカのような大規模機械化に行き着くのでもない。トラクターには購入後もメンテナンスが必要であったし、いまも必要である。それは修理や部品交換だけではない。トラクターによって耕された農地も、トラクターを用いた農民も持続的に他の人間や自然にメンテナンスされるようなネットワークのなかに、機械を置き直さなくてはならない。メンテナンスの中心であるべきMTSは、人間と自然、人間と人間の関係を相談する場所になりきれないまま、二〇世紀の歴史から消え去った。

地域の自然と、地域の社会に柔らかくフィットするような生物と機械の付き合い方を探っていくと、おのずから、暮らしの共有という視点に向かうはずである。

あとがき

トラクターの歴史を世界的に展開する。執筆者の能力からいって、これは無謀な試みであった。書き終えて、そう思う。歴史研究者としての経験も知識も明らかに少ない。参考文献を読めば一目瞭然なように、アメリカ史や中国史やソ連史は概説書を読み込むことから始めた。不明な歴史用語や機械用語は事典をひき、専門家に問い合わせた。

トラクターは子どもの頃から身近な存在であったとはいえ、歴史的事象として遭遇したのは修士論文の執筆時である。ナチ時代の農民たちの様子をうかがう資料を探すもののなかなかみつからず、新聞に掲載されているトラクターの広告を見ては、ため息をついていたのだった。だが、この広告が歴史の証言者であることに気づくまで、時間はそうかからなかった。トラクターも農民生活の目撃者なのだ、と気づいたときに、歴史の面白さにとりつかれた気がする。しかも、トラクターはなんとも言いがたい魅力を放つ機械である。

あれから一六年かけて、ドイツと日本でこつこつとトラクターの資料を集め、トラクターが登場する映画を鑑賞し、農業博物館に通ってはヴィンテージのトラクターを撫でて写真を撮って来た。故郷の島根の奥出雲に耕運機の発明家、米原清男がいたことはとても誇らしかったし、ハリー・ファーガソンのエンジニア魂には惚れそうになった。三点リンクの美しさに見惚れ、フィアットのマンダリンオレンジに目を奪われ、ビッグ・バッドの怪物的存在感に息を呑んだ。また、トラクターにかかわる世界のいろいろな小説や研究書を読めたことはとても楽しかった。資料集めのために、エネルギーと時間をかなり費やしたことは間違いないと思う。

とはいえ、執筆の最後の一ヵ月にも新資料がどっさりと発見される始末であるから、本書をもってトラクターの歴史は終わり、と見得を切ることは絶対にできない。むしろ、未熟な本書を踏み台にしてください、というマゾヒスティックな気持ちでいっぱいである。

しかも、恥ずかしながら、トラクターは二回程度しか運転したことがない。そんな人間にトラクターの本など書けるはずもない、という批判は甘んじて受けるつもりである。わたしは三菱農機のトラクターで代掻きをしたことがあるが、ターンのとき、作業機をあげてスムーズに動かすことが一番難しかった。とはいえ、振動と騒音にまみれたこの二回の経験は執筆の過程でかなり助かった。PTO軸と三点リンクは、実家に帰って父親に付け外しを実演してもらい、ようやく理解できるようになったことも申し添えておきたい。

世界にはトラクターのファンが無数にいる。日本にもいる。古いエンジン音を聞いているだけで幸せそうなファンの映像を久留米の福岡クボタ大橋松雄農業機械歴史館でみた。また、

「水戸市大場町・島地区農地・水・環境保全会便り」というホームページには「撮りトラ」という珍しいトラクターの写真やデータを集めたハイレベルなページがあり、私も隠れファンであった。そんな方々とトラクターの魅力と魔力を共有できているならば、望外の幸せである。

そして、まがりなりにも本書がトラクターの歴史の本になっているとしたら、ご助力いただいたみなさんのおかげである。とくに具体事例や分析方法をご教示いただいた方々を順不同で列記することで、謝意を表したい。

足立芳宏、石川禎浩、川村湊、小関隆、小山哲、佐藤淳二、伊藤順二、友松夕香、福田宏、米原博徳、泉水英計、鈴木淳、瀬戸口明久、今井ちづる、木村正道、福元健之。

なお、本書で用いた一部の資料の収集にあたっては、科研費（課題番号 二六三七〇二三三）の助成を受けたことを申し添えておく。

最後に、本書の企画から五年間、編集者の白戸直人さんをひたすら待たせてしまった。原稿を細かなところまで読み、適切なアドバイスをいただいた白戸さんに、心からお礼を申し上げたい。

二〇一七年七月

藤原辰史

あとがき

主要図版出典一覧

1－1　クロッペンブルク野外民俗博物館，筆者撮影 2015 年 2 月 15 日
1－2　*Fliegen Blätter, Nr. 19, 1845*
1－3　Kuntz, *Der Dampfpflug*
1－4　Kuntz, *Der Dampfpflug*
1－5　ホーエンハイム大学ドイツ農業博物館，筆者撮影 2013 年 5 月 16 日
1－6　Williams, *Fordson, Farmall, and Poppin' Jonny*
1－7　Macmillan (ed.), *The John Deere*
1－8　Macmillan (ed.), *The John Deere*
1－9　Laffingwell, *The American Farm Tractor*
2－1　Williams, *Fordson, Farmall, and Poppin' Jonny*
2－2　Williams, *Fordson, Farmall, and Poppin' Jonny*
2－3　Williams, *Fordson, Farmall, and Poppin' Jonny*
2－4　Williams, *Fordson, Farmall, and Poppin' Jonny*
2－5　Glastonbury, *Traktoren*
2－6　Williams, *Fordson, Farmall, and Poppin' Jonny*
2－7　Williams, *Fordson, Farmall, and Poppin' Jonny*
2－8　Ertel, *The American Tractor*
2－9　Apps, *My First Tractor*
2－10　Artley, *Once Upon A Farm*
2－11　*Monthly Weather Review, June 1936*
3－2　https://stalinsmoustache.org/2015/01/28/soviet-feminism-pasha-angelina/
3－3　*Deutsche Landwirtschaftliche Presse, 25. 9. 1937*
3－4　Bauer, *Porsche Schlepper* 1937-1966
4－3　Apps, *My First Tractor*
4－5　http://www.williamsbigbud.com/about-us/
4－6　Suhr / Weinreich, *DDR Traktoren-Klassiker*
4－7　Hinton, *Iron Oxen*
5－2　『小松製作所五十年の歩み』
5－3　藤井康弘『心の柱』
5－4　藤井正治『国産耕運機の誕生』
5－5　吉岡金市『日本農業の機械化』
5－6　藤井正治『国産耕運機の誕生』
5－7　三瓶孝子『農村記』
5－8　http://www.honda.co.jp/design/colors/red/
5－9　『クボタ 100 年』

からプロ農家までのトラクター必携書』（改訂第8版）日本農業機械化協会、2002年。

ホアイ，トー他『西北地方物語――ベトナム小説集』広田重道・大久保明男訳、新日本出版社、1962年。

松本敦則「戦後経済と「第三のイタリア」」土肥秀行／山手昌樹『教養のイタリア近現代史』ミネルヴァ書房、2017年。

Dewey, Peter, The Supply of Tractors: Short, Brian / Watkins, Charles / Martin John（ed.）, *The Front Line of Freedom: British farming in the Second War*, British Agricultural History Society, 2006.

†統　計
『農業機械年鑑』新農林社。
農林業センサス
（http://www.maff.go.jp/j/tokei/census/afc/index.html）
National Agricultural Statistics Service
（https://www.nass.usda.gov/Data_and_Statistics/）
Changes in Farm Production and Efficiency, 1978.
FAOSTAT（http://www.fao.org/faostat/en/#home）

チャン，アニタ／マドスン，リチャード／アンガー，ジョナサン『チェン村——中国農村の文革と近代化』小林弘二監訳、筑摩書房、1989年。

毛沢東『毛沢東選集　第5巻』外文出版社、1977年。

李昌平『中国農村崩壊——農民が田を捨てるとき』吉田富夫監訳、北村稔・周俊訳、ＮＨＫ出版、2004年。

余敏玲 Yu Miin Lin《形塑「新人」——中共宣傳與蘇聯經驗》中央研究院近代史研究所、2015年。

Hinton, William, *Iron Oxen: A Documentary of Revolution in Chinese Farming*, Monthly Review Press, 1970.（邦訳＝ヒントン、ウィリアム『鉄牛——中国の農業革命の記録』加藤祐三・赤尾修共訳、平凡社、1976年。）

†ガーナ
高根務「独立ガーナの希望と現実——ココアとンクルマ政権、1951-1966年」『国立民族学博物館研究報告』31巻1号、2006年。

友松夕香『サバンナのジェンダー——西アフリカ農村経済の民族誌』明石書店、2017年。

溝辺泰雄「第12章　脱植民地化のなかの農業政策構想」石川直樹／小松かおり／藤本武編『食と農のアフリカ史——現代の基層に迫る』昭和堂、2016年。

Hulugalle, N. R. & Mauya P. R., Tillage Systems for the West African Semi-Arid Tropics, *Soil & Tillage Research*, 20, 1991.

†その他
猪木武徳『戦後世界経済史——自由と平等の視点から』中公新書、2009年。

宇沢弘文『自動車の社会的費用』岩波新書、1974年。

勝俣誠『新・現代アフリカ入門——人々が変える大陸』岩波新書、2013年。

グリッグ，デイビッド『西洋農業の変貌』山本正三、内山幸久、犬井正、村山裕司訳、農林統計協会、1997年。

クルチモウスキー，リヒャルト『改訂　農学原論』橋本伝左衛門訳、地球出版株式会社、1954年。

洪達善『朝鮮社会主義農業論』梶村秀樹・鎌田隆訳、日本評論社、1971年。

ザックス，ヴォルフガング『自動車への愛——20世紀の願望の歴史』土合文夫・福本義憲訳、藤原書店、1995年。

芝野保徳『農業機械・施設の騒音が作業者の作業能率・精度に及ぼす影響』（科学研究費補助金一般研究C「課題番号02660255」）、1993年。

スナイダー，ティモシー『ブラッドランド——ヒトラーとスターリン　大虐殺の真実　上下』筑摩書房、2015年。

全国農業機械化研修連絡協議会編『トラクターの機能と基本操作　初心者

吉岡金市『日本農業の機械化（昭和前期農政経済名著集 17）』農山漁村文化協会、1979 年。

†ドイツ

足立芳宏『東ドイツ農村の社会史――「社会主義」経験の歴史化のために』京都大学学術出版会、2011 年。

大島隆雄「第二次世界大戦中のドイツ自動車工業（1）（2）」『愛知大学経済論集』132 号、133 号、1993 年。

永岑三千輝『独ソ戦とホロコースト』日本経済評論社、2001 年。

永岑三千輝『ドイツ第三帝国のソ連占領政策と民衆 1941-1942』同文館、1994 年。

伸井太一『ニセドイツ１≒東ドイツ製工業品』社会評論社、2009 年。

Bauer, Armin, *Porsche Schlepper 1937-1966,* 2. Aufl., Schwungrad-Verlag, 2003.

Decken, Hans von der, Die Mechanisierung in der Landwirtschaft, in: *Vierteljahreshefte zur Wirtschaftsforschung*, 13. Jg., Heft 3, 1939.

Jasny, N., *Der Schlepper in der Landwirtschaft: seine Wirtschaftlichkeit und weltwirtschaftliche Bedutung*, Verlagsbuchhandlung Paul Parey, 1932.

Herrmann, Klaus, *Traktoren in Deutschland 1907 bis heute: Firmen und Fabrikate*, 2. Auflage, DLG Verlag, 1995.

Kuntz, Andreas, *Der Dampfpflug: Bilder und Geschichte der Mechanisierung und Industrialisierung von Ackerbau und Landleben im 19. Jahrhundert*, Johas Verlag, 1979.

Museum für Deutsche Volkskunde Berlin, *Das Bild vom Bauern Vorstellung und Wirklichkeit vom 16. Jahrhundert bis zur Gegenwart*, 1978.

Radkau, Joachim, *Technik in Deutschland: Vom 18. Jahrhundert bis heute*, Campus, 2008.

Suhr, Christian / Weinreich, Ralf, *DDR Traktoren-Klassiker*, Motorbuch Verlag, 2006.

Uekötter, Frank, *Die Wahrheit ist auf dem Feld: Eine Wissengeschichte der deutschen Landwirtschaft*, Vandenhoeck & Ruprecht, 2010.

Wagner, Kurt, *Leben auf dem Lande im Wandel der Industrialisierung*, Insel Verlag, 1986.

†中　国

石川禎浩『シリーズ中国近現代史③　革命とナショナリズム 1925-1945』岩波新書、2010 年。

久保亨『シリーズ中国近現代史④　社会主義への挑戦 1945-1971』岩波新書、2011 年。

ーのアンケート調査より」『日農医誌』39巻2号、1990年。

大槻正男「耕耘行程機械化の問題」『農業と経済』第6巻第6号、1939年。

井関農機株式会社社史編纂委員会『井関農機60年史』井関農機株式会社、1989年。

寒川道夫編著『大関松三郎詩集　山芋　増補改訂版』百合出版、1979年。

小島直記『エンジン一代――山岡孫吉伝』集英社文庫、1983年。

川村湊『作文のなかの大日本帝国』岩波書店、2000年。

企画院産業部『小型自動耕耘機ニ就テ』1938年。

小松製作所『小松製作所五〇年の歩み――略史』1971年。

クボタ社史編纂委員会『クボタ100年』1990年。

三瓶孝子『農村記』慶應書房、1943年。

泉水英計「アメリカ人地理学者による冷戦期東アジアのフィールド調査」坂野徹編『帝国を調べる――植民地フィールドワークの科学史』勁草書房、2016年。

高橋昇『軍用自動車入門』光文社ＮＦ文庫、2000年。

田中定「輸入農業機械と吾国農業」『九州帝国大学経済学会　経済学研究』第8巻第3号、1938年。

太郎良信『「山芋」の真実――寒川道夫の教育実践を再検討する』教育史料出版会、1996年。

中條百合子『新しきシベリアを横切る』内外社、1931年。

中本たか子『よきひと』モナス、1940年。

南雲道雄『大関松三郎の四季』現代教養文庫、1994年。

野間海造『農業機械化論の分析』東晃社、1941年。

福田稔・細川弘美「岡山県南部における農業機械化の展開過程」『日本農業発達史』別巻下、中央公論社、1978年（改訂版）。

藤井正治『国産耕運機の誕生――米原清男の生涯』新人物往来社、1990年。

藤井康弘『心の柱』世紀社出版株式会社、1974年。

三浦洋子『北部朝鮮・植民地時代のドイツ式大規模農場経営――蘭谷機械農場の挑戦』明石書店、2011年。

南智『農業機械の先駆者たち――機械化農業王国・岡山の成立過程』吉備人出版、2016年。

ヤンマー70年史編纂委員会『燃料報国――ヤンマー70年のあゆみ』ヤンマーディーゼル株式会社、1983年。

和田一雄『耕耘機誕生』富民協会、1979年。

横井時敬『小農に関する研究』丸善、1927年。

吉岡金市『日本の農業――その特質と省力農法』伊藤書店、1944年。

吉岡金市「なんにでも利用できる――小型万能トラクター」『若い農業』第4巻第2号、1949年。

参考文献

†ソ連、ロシア、ウクライナ、ポーランド

池田嘉郎『ロシア革命——破局の8か月』岩波新書、2017年。

伊藤孝之・井内敏夫・中井和夫編『ポーランド・ウクライナ・バルト史』山川出版社、1998年。

奥田央『ソヴェト経済政策史——市場と営業』東京大学出版会、1979年。

奥田央『コルホーズの成立過程』岩波書店、1990年。

奥田央『ヴォルガの革命——スターリン統治下の農村』東京大学出版会、1996年。

奥田央「コルホーズ」「穀物調達」「ソフホーズ」「農業集団化」川端香男里他編『新版　ロシアを知る事典』平凡社、2004年。

奥田央編『20世紀ロシア農民史』社会評論社、2006年。

金田辰夫、中山弘正「農業」川端香男里他編『新版　ロシアを知る事典』平凡社，2004年。

コンクエスト，ロバート『悲しみの収穫　ウクライナ大飢饉——スターリンの農業集団化と飢饉テロ』白石治朗訳、恵雅堂出版、2007年。

栖原学『ソ連工業の研究——長期生産指数推計の試み』御茶の水書房、2013年。

高尾千津子『ソ連農業集団化の原点——ソヴィエト体制とアメリカユダヤ人』彩流社、2006年。

チュフノ，アンドレイ・ワシリエビ／マルトヴィツィー，イワン・キリロビチ／ボチャルニコフ、ユーリー・アレクセイビチ『コルホーズ生活五〇年』御茶の水書房、1975年。

中山弘正『ソビエト農業事情』日本放送出版協会、1981年。

吉野悦雄編著『ポーランドの農業と農民——グシトエフ村の研究』木鐸社、1993年。

レヴィツカ，マリーナ『おっぱいとトラクター』集英社文庫、2010年。

レーニン，ニコライ『農業に於ける資本主義』白揚書館、1921年。

ワース，ニコラス『ロシア農民生活誌——1917〜1939』荒田洋訳、平凡社、1985年。

Miller, Robert F., *One Hundred Thousand Tractors: The MTS and the Development of Controls in Soviet Agriculture*, Harvard University Press, 1970.

†日本およびその植民地、占領地

伊藤紀克「北海道における農用トラクターによる死亡事故の検討——とくに睡眠と居眠り運転との関係」『日農医誌』35巻1号、1986年。

伊藤紀克「トラクター事故に対する農民の意識——トラクターオペレータ

参考文献

†トラクター・農業機械一般

芦田祐介『農業機械の社会学——モノから考える農村社会の再編』昭和堂、2016年。

中村忠次郎『技術必携　農機具綜典』朝倉書店、1954年。

藤原辰史「耕す体のリズムとノイズ——労働と身体」同著『食べること考えること』所収、共和国、2014年。

渡邊隆之助『牽引車（トラクター）』自研社、1943年。

Bauer, Georg, *Faszination Landtechnik: 100 Jahre Landtechnik- Firmen und Fabrikante im Wandel*, Verlag Union Agrar, 2003.

Glastonbury, Jim, *Traktoren: Wunderwerke der Technik, Damals und Heute*,（translated by Bettina Lemke, Katharina Lisson, Tatjana Lisson）, Regacy House Publishing, 2003.

Kautzky, Karl, *Die Agrarfrage: Eine Übersicht über die Tendenzen der modernen Landwirtschaft und die Agrarpolitik der Sozialdemokratie*（2.Aufl.）, Verlag von J.H.W. Dietz Nachf., 1902.（邦訳＝向坂逸郎訳『農業問題——近代的農業の諸傾向の概観と社会民主党の農業政策（上・下）』岩波書店、1945年）

Paulitz, Udo, *1000 Traktoren: Geschichte-Klassiker-Technik*, Naumann & Göbel, 2009.

†アメリカ

有賀夏紀『アメリカの20世紀　上（1890年〜1945年）下（1945年〜2000年）』中公新書、2002年。

Artley, Bob, *Once Upon a Farm*, Pelican Publishing Company, 2004.

Ertel, P. W., *The American Tractor: A Century of Legendary Machines*, MBI Publishing Company, 2001.

Ford, Henry / Crowther, Samuel, *My Life and Work*, Garden City Publishing Co., 1922.

Glaser, Amy / Drengi Michael（ed.）, *My First Tractor: Stories of Farmers and Their First Love*, Voyageur Press, 2010.

Leffinwell, Randy, *The American Farm Tractor,* MBI Publishing Company, 2002.

Macmillan, Don（ed.）, *The John Deere: Tractor Legacy*, Japonica Press, 2003.

Williams, Robert C., *Fordson, Farmall, and Poppin' Johnny: A History of the Farm Tractor and Its Impact on America,* University of Illinois Press, 1978.

農業機械有限会社」設立. [独] 山岡, ディーゼル記念石庭園をアウクスブルク市に献上
1958 [ソ] MTSの解体を発表. [中] 初の国産トラクター
1959 1 [日] 藤井康弘, 冨士耕うん機PH型の発表. 4 [中] 劉少奇, 国家主席に. 4 [日] 本田技研, F150を発表,「ホンダ旋風」. 6 [日]「ヤン坊マー坊天気予報」始まる. 10 [チェコ] [ポーランド] ゼトル社, ウルスス社と共同で生産を開始
1960 [日] クボタ, 日本初の畑作用トラクターT15を開発
1961 6 [日] 農業基本法
1963 [伊] ランボルギーニ, トラクターの生産を開始. [韓] 大同工業と新一機械工業を中心に国産歩行型トラクターの量産体制が確立. [日] [独] イセキ, ポルシェと提携
1964 3 [ガーナ]「国家再建と開発のための7カ年計画」でトラクターの導入を謳う. [東独]「ファムルス」の生産
1965 [米] トラクターの保有台数ピークに
1966 8 [日] [チェコ] イセキ, ゼトル社と提携. [中] 文化大革命始まる
1970 3 [日] 日本万国博覧会でクボタ「夢のトラクタ」
1977 [米] ビッグバッド社, 760馬力の747型を生産
1978 [米] IH社, 大型の3388型と3588型の生産
1979 2 イラン革命. [日]「赤いトラクター」
1980 2 [日] 三菱農機創業
1983 [米] 販売された半分のトラクターが外国産に
1984 [日] [米] クボタ, アメリカで三番目のトラクター販売会社に
1989 6 [中] 天安門事件
1990 10 ドイツ統一
1991 12 [ソ] ゴルバチョフ辞任, ソ連崩壊
1999 [伊] [米] フィアットアグリ, アメリカのIH社を買収しCNHグローバルと改称. [米] 映画『ストレイト・ストーリー』
2005 [英] 小説『ウクライナ語版トラクター小史』
2013 11 [日] 農林水産省,「スマート農業の実現に向けた研究会」を発足
2015 10 [日] 三菱農機, インドのマヒンドラ&マヒンドラ社と戦略的協業で合意し, 三菱マヒンドラ農機に

ードとファーガソン「ハンドシェイク・アグリーメント」.［中］蒋介石，黄河氾濫地帯の堤防を決壊させる
1939 5［英］農業開発法．9独軍ポーランド侵攻．第2次世界大戦の開戦．［米］スタインベック『怒りのぶどう』．［ソ］プリイェフ『トラクター運転手たち』．［日］大関松三郎「ぼくらの村」．［日］吉岡金市『日本農業の機械化』
1940 夏［英］政府，トラクターの輸出禁止
1941 4［日］岡山で全国動力耕耘機実演展覧会．8独ソ戦開戦
1942 12［日］［米］真珠湾奇襲
1943 ［ソ］エルムレルの映画『彼女は祖国を守る』
1945 5独軍，連合国と休戦協定．9日本軍，連合国と休戦協定．［中］この年から47年にかけてUNRRAから2000台のトラクターが到着．［中］ヒントン，中国を再訪，毛沢東に再会
1946 3［チェコ］ゼトル社の創業
1948 4［日］米原清男，歩行型ゼネラル・トラクターの完成
1949 4［日］藤井康弘，歩行型トラクター「冨士耕うん機乙型」の完成．10［東独］東ドイツ建国．「アクティヴィスト」の生産．10［中］中華人民共和国の建国．［日］藤田村で農林省主催の耕耘機比較審査会
1950 1［中］『人民日報』，ソ連からトラクターが初めて到着と報道．6［中］黒竜江省で中国初の「女トラクター隊」
1951 6［日］イセキ，耕耘機製造の研究に着手．［日］［台］クボタ，歩行型トラクターK3Bを台湾に初輸出
1952 7［東独］農業集団化宣言．9［日］日本初のゴムタイヤ付き歩行型トラクターの冨士耕うん機P型の完成
1953 3［ソ］スターリンの死．8［英］［加］ファーガソン社，マッセイ・ハリス社と合併しマッセイ・ファーガソンに．［東独］「パイオニア」の生産．8［日］［ビルマ］農業機械化促進法．［日］クボタ，ビルマにトラクターを輸出．［日］イセキKA1型の完成
1955 ［中］毛沢東「農業共同化の問題について」
1956 2［ソ］フルシチョフ，スターリン批判．秋，ハンガリー動乱．［伊］フィアット，「ラ・ピッコラ」を生産，大ヒット．［独］［米］ランツ社，ディア&カンパニー社に買収される
1957 3ガーナの独立．［日］［伯］クボタ，ブラジルに「マルキュウ

1920 ［濠］ハワード，歩行型トラクターの特許を取得
1922 夏［米］ジョイントのローゼン，ウクライナを訪問．12［ソ］ソ連成立．［米］IH社，PTOの導入．［ポーランド］ウルスス社，トラクターの生産開始
1923 1［仏］［ベルギー］［独］ルール占領．5［ソ］荒畑寒村，劇中でトラクターを見る．［米］ディア&カンパニー社，ジョン・ディアD型を開発．［米］［ソ］ウォータールー・ボーイ，ソ連に到着
1924 7［米］［ソ］アグロジョイントの設立．［米］IH社，ロークロップ対応のファーモールの開発
1925 春［独］フォードソンの輸入を決定．［日］西崎浩，日本初の歩行型トラクターを完成
1926 8［日］「井関農機具商会」創業
1927 12［ソ］第15回党大会で農業集団化宣言．スターリン，シェフチェンコ・ソフホーズを賞賛
1929 10 ウォール街で株価大暴落（世界恐慌）．［ソ］映画『全線』．［ソ］アンゲリーナ，ソ連で初めての女性トラクター運転手に
1930 10［ソ］中條百合子，シベリア鉄道の車窓からトラクター工場やコルホーズを見る
1931 10［日］小松製作所，国産第1号トラクターを完成
1932 3［中］［日］満洲国の建国
1933 1［独］ヒトラー首相に任命．12［日］山岡孫吉，小型汎用ディーゼルエンジンの完成．［米］アリス＝チャルマーズ社，ゴムタイヤ付きのWC型の開発．［ソ］MTSに政治部を設置
1934 11［独］ナチス，生産戦の開始
1935 3［独］ヒトラー，再軍備宣言．4［日］興除村で動力耕耘機競技会
1936 2［日］2・26事件．［英］「ファーガソン・ブラウン」の開発
1937 5［満］満鉄農事試験場でトラクターの実働競演会．7［中］盧溝橋事件．7［日］［満］満洲移民第一次派遣団出発．［米］アリス＝チャルマーズ社，ベイビー・トラクターの開発．日独合作映画『新しき土』（小松のG25が登場）．ヒントン，初めて中国に
1938 7［日］企画院産業部『小型自動耕耘機ニ就テ』．10［米］フォ

トラクターの世界史 関連年表

年	出来事
1877	［独］オットー，内燃機関の実用化
1890	2［日］大出鋳物所（のちの久保田鉄工所）創業
1892	［米］フローリッチ，世界で初めてトラクターを開発．12［米］ウォータールー・ガソリン牽引エンジン社が設立
1899	［独］カウツキー『農業問題』
1900	［露］レーニン『農業における資本主義』，カウツキーを擁護
1902	［米］マコーミック社とディアリング社が合併しIH社に．［独］［米］ランツ，ディアと面談，提携開始
1905	1［露］血の日曜日事件
1907	［独］ドイツ社，ドイツ初のトラクターを開発
1908	［露］ロシアに初めてトラクターがもたらされる．［中］黒竜江省で程徳全が外国製のトラクターを購入
1909	［日］岩手県の小岩井農場に蒸気トラクターが導入
1910	［瑞］マイエンブルク，歩行型トラクターの特許を取得
1911	［日］北海道斜里町の三井農場にホルト製トラクターが導入
1912	3［日］山岡発動機工作所（のちのヤンマー・ディーゼル）創業
1913	10［露］レーニン『アメリカ合州国における資本主義と農業』
1914	7 第1次世界大戦開戦．6［日］佐藤忠次郎，サトー式稲扱機で創業（のちの三菱農機）
1915	2［英］チャーチル，「陸上軍艦」委員会を設立
1916	10［英］ソンムの会戦で初めて戦車（マークI）が登場
1917	2［露］2月革命．4［仏］ホルト社トラクターのシャーシを流用した戦車シュナイダーCA1の登場．7［米］大量生産型トラクター「フォードソン」製造専門の会社がフォード社から独立．11［露］11月革命
1918	［日］北海道札幌郡の谷口農場でケース社のトラクターを導入
1919	3［露］レーニン，第8回党大会で「10万台の第1級トラクターを供給」すれば共産主義が増えると演説．7［米］ネブラスカ大学のトラクターテスト開始．［露］［米］ロシア・ソヴィエト連邦社会主義共和国，フォードソンと契約．［伊］フィアット，トラクター702型の開発．［日］岡山県の藤田農場，クレトラック社のトラクターを導入

〈わ・ん〉

索　引（五十音順）

＊原則として、引用した研究文献の著者、国名（米英ソ独中日）・地名・工場名、章タイトル・節見出し・小見出しでの語句は省いた

藤原辰史（ふじはら・たつし）

1976（昭和51）年北海道に生まれ，島根県で育つ。99年京都大学総合人間学部卒業．2002年京都大学人間・環境学研究科中途退学．京都大学人文科学研究所助手，東京大学農学生命科学研究科講師を経て，13年4月より，京都大学人文科学研究所准教授　専攻・農業史

著書

『ナチス・ドイツの有機農業――「自然との共生」が生んだ「民族の絶滅」』（柏書房，2005年）
『カブラの冬――第一次世界大戦期ドイツの飢饉と民衆』（人文書院，2011年）
『増補版　ナチスのキッチン――「食べること」の環境史』（共和国，2016，水声社，2012年）河合隼雄学芸賞
『稲の大東亜共栄圏――帝国日本の〈緑の革命〉』（吉川弘文館，2012年）
『食べること考えること』（共和国，2014年）
『戦争と農業』（集英社インターナショナル新書，近刊）など

トラクターの世界史《せかいし》
中公新書 *2451*

2017年 9 月25日発行

著　者　藤原辰史
発行者　大橋善光

本文印刷　暁印刷
カバー印刷　大熊整美堂
製　　本　小泉製本

発行所　中央公論新社
〒100-8152
東京都千代田区大手町1-7-1
電話　販売 03-5299-1730
　　　編集 03-5299-1830
URL http://www.chuko.co.jp/

JASRAC 出 1708917-701

Published by CHUOKORON-SHINSHA, INC.
Printed in Japan　ISBN978-4-12-102451-0 C1222

中公新書刊行のことば

いまからちょうど五世紀まえ、グーテンベルクが近代印刷術を発明したとき、書物の大量生産は潜在的可能性を獲得し、いまからちょうど一世紀まえ、世界のおもな文明国で義務教育制度が採用されたとき、書物の大量需要の潜在性が形成された。この二つの潜在性がはげしく現実化したのが現代である。

いまや、書物によって視野を拡大し、変りゆく世界に豊かに対応しようとする強い要求を私たちは抑えることができない。この要求にこたえる義務を、今日の書物は背負っている。だが、その義務は、たんに専門的知識の通俗化をはかることによって果たされるものでもなく、通俗的好奇心にうったえて、いたずらに発行部数の巨大さを誇ることによって果たされるものでもない。現代を真摯に生きようとする読者に、真に知るに価いする知識だけを選びだして提供すること、これが中公新書の最大の目標である。

私たちは、知識として錯覚しているものによってしばしば動かされ、裏切られる。私たちは、作為によってあたえられた知識のうえに生きることがあまりに多く、ゆるぎない事実を通して思索することがあまりにすくない。中公新書が、その一貫した特色として自らに課すものは、この事実のみの持つ無条件の説得力を発揮させることである。現代にあらたな意味を投げかけるべく待機している過去の歴史的事実もまた、中公新書によって数多く発掘されるであろう。

中公新書は、現代を自らの眼で見つめようとする、逞しい知的な読者の活力となることを欲している。

一九六二年一一月

地域・文化・紀行

t2

- 560 文化人類学入門（増補改訂版） 祖父江孝男
- 741 文化人類学15の理論 綾部恒雄編
- 2315 南方熊楠《みなかたくまぐす》 唐澤太輔
- 2367 食の人類史 佐藤洋一郎
- 92 肉食の思想 鯖田豊之
- 2129 カラー版 地図と愉しむ東京歴史散歩 竹内正浩
- 2170 カラー版 地図と愉しむ東京歴史散歩 都心の謎篇 竹内正浩
- 2227 カラー版 地図と愉しむ東京歴史散歩 地形篇 竹内正浩
- 2346 カラー版 地図と愉しむ東京歴史散歩 お屋敷のすべて篇 竹内正浩
- 2403 カラー版 地図と愉しむ東京歴史散歩 地下の秘密篇 竹内正浩
- 2335 カラー版 東京鉄道遺産100選 内田宗治
- 2012 カラー版 マチュピチュ―天空の聖殿 高野 潤
- 2327 カラー版 イースター島を行く―モアイの謎と未踏の聖地 野村哲也
- 2092 カラー版 パタゴニアを行く 野村哲也
- 2182 カラー版 世界の四大花園を行く―砂漠が生み出す奇跡 野村哲也
- 2444 カラー版 最後の辺境―極北の森林、アフリカの氷河 水越 武
- 1869 カラー版 将棋駒の世界 増山雅人
- 2117 物語 食の文化 北岡正三郎
- 415 ワインの世界史 古賀 守
- 1835 バーのある人生 枝川公一
- 596 茶の世界史 角山 栄
- 1930 ジャガイモの世界史 伊藤章治
- 2088 チョコレートの世界史 武田尚子
- 2438 ミルクと日本人 武田尚子
- 2361 トウガラシの世界史 山本紀夫
- 2229 真珠の世界史 山田篤美
- 1095 コーヒーが廻り世界史が廻る 臼井隆一郎
- 1974 毒と薬の世界史 船山信次
- 2391 競馬の世界史 本村凌二
- 650 風景学入門 中村良夫
- 2344 水中考古学 井上たかひこ